JN153283

写真から
見た
ふるさとの
魚たち

駒田 格知
Komada Noritomo

目次

1　アユ

(1) はじめに

アユは、日本の淡水魚類の中で水産領域のみならず最もよく利用され、親しまれている魚類の代表的な一種である。本種の分布は日本列島をはじめとして、中国大陸、朝鮮半島、台湾などの極東地方に限定されている。昔、世界的に著名な魚類学者ジョルダンによって「私は今までに北半球の魚類をほとんど食べてきたが、これほど優れた味の魚を食べたことがない」と紹介されたこともある。日本人は、子供の頃からアユに親しみを感じてきた。夏季になると、友釣り、鵜飼そしてヤナ漁などがあるが、中でも友釣りは全国各地の河川で見られ、「夏の風物詩」として誰しもが認めている。岐阜県内の河川における、海洋から遡上してきたアユの一生は、春季３～４月に体長６～８㎝の若アユが遡上することによって始まり、川の上流～中流域に達したアユは順次、ナワバリを形成し、下流域に留まったアユは群れアユとして夏季を過ごす。夏季の間に河床の着生藻類を旺盛に食べて、前者は体長15～20㎝の成魚となり、後者は10～14㎝の小型ではあるが、秋の気配が感じられるようになると、それぞれ「落ちアユ」として河口から数十㎞上流の地点に集まってきて、そこで産卵・受精して一生を終える。岐阜県内では、多くの人が夏に一度はアユ料理を食べたことがあると言われている。「アユは塩焼きが一番おいしいね」と舌鼓を打ちながら夏を満喫する。その結果として「やっぱり、俺たちの川のアユが一番うまいね」と自慢話でさらに盛り上がる。

岐阜県は、内陸県であるために、古くから動物性たんぱく質を川魚に求めてきた。淡水魚類の利用方法は多岐にわたり、その料理方法は地方によって独特で、昔からの郷土料理として長く引き継がれてきたものも多い。中でもアユはどこの河川の流域でも特別であり、そこで生活する人々は春になると「アユの遡上はまだか……」と心がウキウキして、初夏の「アユの解禁」を心待ちにしている。毎年5月11日には長良川の鵜飼開きがあり、夜には花火を打ち上げてその日の到来を祝う。この日は長良川下流ではアユ漁の解禁日であり、これに続いて県内の各河川で次々とアユ漁の解禁が続き、川の中には釣り竿や釣り人が並び、それまでとは打って変わった賑わいとなる。なお、それぞれの河川ではアユの成長が解禁日に間に合うようにと、地元の漁業協同組合では放流の日を頭をひねって決定する。7月になると“ヤナ漁”はまだか！とアユ料理にありつけるのを楽しみに待つ。岐阜県民は“岐阜のアユ：長良川・和良川のアユが日本一”という話に目を細める。そして岐阜のアユがそのような評価を受けた理由として、美味で立派なアユを育てている河川の自然環境を含めて周辺の人々による積極的な保護活動が幅広く展開されていることが語られる。しかし、やっぱりそこで育ったアユが地元住民から美味であると言われることが最も大切のように思う。そしてすぐになぜ美味なのか？を考えてみたくなる。

この項では、岐阜に生息しているアユの一生をさまざまな視点から追究し、幅広くさらにより知識が深まることを目的として、分かりやすく「アユの生物学」を展開してみたい。

(2) 岐阜県内の河川に生息するアユの由来

岐阜県内の河川に生息しているアユは大きく三つの型に分けられる。①早春に海（伊勢湾）から遡上してくる､いわゆる海産（遡上）

アユ、②2月以後に琵琶湖（滋賀県）で採捕されて、数カ月間畜養された後に県内の各河川に放流される琵琶湖産（放流）アユ、そして③秋季に親アユを長良川や木曽川から採捕して採卵し、人工授精により生産された人工孵化養殖（放流）アユである。①～③それぞれのアユを簡単に説明すると以下のようである。

① 海産遡上アユ

毎年、10～12月に河川の中・下流域で産卵・受精・孵化した仔アユが、その直後に海に降下し、翌年の春季まで海洋生活をした後、河川に遡上してくるものである。岐阜県内の河川において海産アユが河川を遡上し、夏季に体長15～20cmに成長して成熟するアユが分布しているのは、伊勢湾に流入する長良川・木曽川および揖斐川の木曽三川に限定されている。このことは、太平洋側に直接流入するのはこの三河川のみであることと、日本海側に流入する九頭竜川、庄川、神通川などの水系は、河川の上流が山間地帯であることやダムなどの人工構築物によってアユの遡上が岐阜県内に及ぶことが著しく困難であるということによっての判断である。太平洋側の木曽三川でも、上流域までアユが遡上可能なのは長良川のみである。このように考えると、岐阜県内の河川のうち、中流～上流域に広く海産遡上アユが分布しているのは著しく限られていることになる。

このような河川状況は、産卵・孵化した仔魚が生きて日本海に降下できる可能性をも著しく制限していることにもなる。このことは、日本海に流下する水系においてアユの産卵が行われないこととは必ずしも一致しない。なぜなら、それらの河川の支派川では岐阜県内でも産卵しているとの情報は聞かれるからである。

② 琵琶湖産放流アユ

大正時代に生物学者（石川千代松博士）によって、琵琶湖産アユの河川（多摩川）への放流が試みられ、小型の琵琶湖アユが河川への放流後に河川の遡上アユと同程度に成長することが実証された。このことを基礎にしてそれ以後､全国へ放流事業が拡大していった。近年、湖産アユの放流が河川での海産遡上アユに遺伝子の撹乱などの影響を及ぼしているのではないかとの疑問も聞かれるが、現在のところ、そのようなことが確認されたという報告は聞かれない。一方、サケ科魚類を中心に全国的な問題となっている冷水病の発生が琵琶湖産アユに見られるということを反映して、現在は、以前ほど積極的に放流は行われていない。

しかし、湖産アユは海産アユに比較してナワバリの形成が早く、しかもより強固であるということから、友釣りにかかりやすいと言われ、釣り人の間で根強い人気がある。また、阿木川ダム湖（岐阜県恵那市）内では放流された琵琶湖産アユに由来する、いわゆる稚アユ（陸封アユ）が発生して水産資源として利用されている。

③ 人工孵化養殖アユ

昨今は魚類全般の養殖技術が発達したこともあって、アユの人工孵化養殖においても安定した生産が保証されるようになった｡なお、このアユには、一生を養殖池で終えるグループと半生を放流された河川で過ごすグループがある。

岐阜県内の多くの河川は、割合には差異があるが、①②③型のアユが混在して生息している。これらの三つの型は、放流直後には外観上、鱗の配列や体形などから見分けがつくと言われているが、数カ月経過すると外観からはほぼ見分けがつかなくなる。いずれの由来のアユも体長 15 ～ 20㎝に成長すると、皆同様にその清楚な姿に見惚れるのである。そして、同時に私たちはそのようなアユを育成する河川の良好な環境を維持するため、各方面から他大な努力がなされていることを聞いて安堵する。なお､この三つの型アユのうち、海産遡上アユの河川での生活と人工孵化養殖アユの養殖方向についての詳細は後で述べる。

その前に、少し寄り道をする。現在、私たちが食材として利用している魚類は、天然産と人工養殖産の２グループがあり、最近はますます養殖されたものが多くなる方向にある。アユに関してもその傾向が認められる社会背景があるため､魚類の養殖と増殖に関して、一般的な社会生活の中でどのような経過で発展してきたのかと、その後の方向について述べる。

私は昭和 20 年代から 30 年代の少年時代を三重県の津市郊外で過ごした。集落の中を生活道路に沿って小川が流れ、そこにはフナ、オイカワ、ドジョウなどの淡水魚がザルですくえば簡単に捕れるほどに生息していた。この小川からそれぞれの家庭に水が引かれて小さな池が作られていた。その池は野菜などの洗い場として利用されていた。当時、子供心に気になっていたのは、どこの家の池にもコイやオイカワがいたことであり、そのコイは何らかの催しの際にはコイの洗いにして食べるという風習があった。いわゆるコイの養殖の原風景である。野菜くずの処理であり、食料の確保であり、さらにその溜水は防火用水としても利用されたのであろう。このシステムは 100 軒ほどあった家のどの家にも見られた。いわゆる多目的池の始まりであったように思う。やがてこの要領で田圃を池にして多数のコイやフナを飼育することが見られるようになった。しかし、アユの泳いでいる溜め池は見たことがなかった。

魚介類の養殖業が本格的に始まったのは、1960年代以後であると言われている。この場合の養殖とは、一定の区域内で自己所有の水産生物の生活と環境を管理して､それら魚類の繁殖と成長を図り、目的とする大きさまで飼育して、食用、観賞用、増殖養殖用の種苗として販売して利益を生み出す生業のことをいう。

しかし現代では、自然界において漁業資源が減少したり生息量が不安定となった時に、これを積極的に回復したり、さらに増大して維持しようという場合に行われる対策を含めて増殖という。

一般的に増殖には次の三つが含まれる。

A. 漁業管理：法律や規則を制定して、漁業に関してさまざまな制限を加える。

B. 生物の繁殖と成育を助ける：生活環境を改善し、造成管理を行い漁業資源の維持・増大を図る。

C. 対象生物の種苗を大量に移植・放流して資源を直接的に増加する。

ダム湖の有効活用などに関する方策も、この水産生物の増殖に係わる内容が多くなっている。アユの河川への種苗放流などは大正時代から行われ、まさしくCに関連しているものである。なお、養殖業の方向は国民生活の多様化につれて、食料に対しては単に量を満たせばいいと考えられた時代から質を求める需要の変化が生じて、いわゆる中・高級魚に対する需要が高まっていることに対応している。アユ養殖もその方向にあるように思う。

(3) 海産遡上アユの一生

ここでは、その例として、長良川を遡上してきたアユについて述べる。遡上期に合わせて琵琶湖産アユや人工孵化養殖アユが放流されるが、それ以後の河川での生活は、基本的に遡上アユと同様である。

アユの産卵数は、一般的に雌1尾当たり2万～12万個と言われ、数回の産卵行動の後に死亡して一生を終える。長良川において、20～30年前には、9月中旬～10月上旬に産卵して10月上旬～下旬に孵化する仔魚の全長は、10月下旬以後に孵化する仔魚よりも小さく、琵琶湖産放流アユに由来し、後者は海産遡上アユに由来すると言われた。その理由は、前者の卵は後者の卵に比べてその卵径が小さいことや、湖産放流アユの成熟時期・産卵期が海産アユよりも早いことにあるとされる。しかし、現在はこの産卵時期が早く、孵化仔アユの体長の小さいグループはほとんど見られない。このことは、琵琶湖産アユの放流量が以前に比べて減ったことに関係があるように思われる。言い換えると、長良川のアユの産卵･受精期間が、20～30年前には9月中旬～12月上旬であったが、現在では10月中旬～12月であるのは、海産遡上アユの産卵期が遅くなったのではなく、琵琶湖産アユ由来の親魚の生息が著しく減少したことによっていると考えられる。海産遡上アユの産卵習性が変わったのではない。

① 産卵場に集まるアユ親魚

約40年前の岐阜市内の河川のアユ産卵場付近に集まってくる親アユの体長は9～10月上旬までは12～16㎝が主体で、その卵径の大きさや産卵の時期を考慮すると琵琶湖産放流アユと考えられた。しかし、10月下旬以後は次第に体長16～20cmの大型のアユが多くなるが、その中に体長12～14cmの小型のアユがかなり混在していた。大きなアユは上流からの落ちアユで、小さなアユは夏季の間、岐阜市内～岐阜県大垣市墨俣町に群れアユとして留まっていた海産遡上アユの一部であると考えられていた。その頃には、夏季～秋季にかけて群れて下流域の淀みに生息し、時には一回の投網で50～100尾採捕されたことさえあった。当時は、これらのアユの体長は10～14cmであり、体が小型であることの理由として、6月頃に遅れて遡上してきた体長の小さなアユのうち、岐阜市付近の下流域に留まったグループで、しかも良質な河床着生藻類にありつけなかったことが原因だと考えられた。その証拠に、腹部消化管に含まれていた内容物は泥質が多く、餌としては著しく不良だと判断された。このグループは毎年、産卵親アユとして長良川アユの再生産に加わっていると考えられていた。残念ながら、現在ではこの小型アユの群れは7・8月、長良川では全く、あるいはほとんど見られなくなった。この減少には、6月以後に早朝から午前10時の間に上流へ、そして下流へと長良川の大垣市墨俣町～岐阜県瑞穂市地域の上空を100～200羽のカワウの群れが3～5波と飛来するが、このことが少なからず影響しているように思う。サギ類も同様である。このことがアユの全産卵期間を通じての産卵親魚の総量に影響していないかと心配している。なぜなら、そうだとすれば、このことは産卵数、ひいては孵化仔魚の総数量に直結しているからである。

なお、余談であるが、わが家（長良川と揖斐川の中間）から夕刻、上空を見上げると、50～100羽のカワウが5～10の群れをなして整然と飛翔しているのを見る。その時の気持ちは複雑である。そして10月中旬から11月になると、上流域へ遡上した大型のアユが大挙して岐阜市近辺の産卵場に集まってきて、その産卵活動は12月上旬まで続く。産卵場の上・下流部ではガリ漁が活発に行われているが、近年、この産卵場に集まってくる時期は年によって変動があるけれども、年々遅れ気味の傾向が見られる。その結果、上流の岐阜県郡上市八幡町付近では、遅くまで友釣りが盛んで、捕れたアユも若々しい。釣り人にとって、長い期間、友釣りが楽しめることになる。

② 産卵・受精・孵化およびアユは何のために河川を遡上するのか

毎年９月になると、長良川上流の郡上市辺りで、雌雄魚の腹部において生殖腺の一部の成熟が進行しているアユがぼちぼち出現し始める。一方、10月に入っても友釣りが盛んに行われている年もある。10月中旬になると、岐阜市付近の川の中にガリ漁をする人が見られるようになる。岐阜市河渡地区を中心にして、アユの産卵活動が見られるようになる。径が20～30㎝のやや大きい石があって、その周辺には小石や砂利が存在する流れのやや速い瀬を中心にして産卵が行われる。アユ卵は付着卵であるために、周辺の大～小石～砂利などのさまざまな大きさの河床構造物に付着膜を反転して付着する。このために、付着物が小さい場合には川の流れに乗って下流へ流される。その範囲は、産卵した場所から１～２㎞の下流に及ぶと言われている。すなわち、アユの産卵場と孵化場は必ずしも一致していないのである。

産卵・受精は、１尾の雌魚に数尾の雄魚が参加して行われる。受精卵は、水温15～20℃で10日から２週間で孵化する。この孵化は通常、日没時期に主として行われる。そして、孵化した仔魚はその直後に川の流れに乗って、伊勢湾に向かって降下し始めるのである。

海洋由来の魚類で、産卵期を迎えるに際して、産んだ卵が安全に孵化するために天敵の少ない河川に遡上する魚類が、一般的に溯河魚と呼ばれる。アユの場合は、産卵・受精した卵から生じた孵化仔魚は海に降下し、そこで成長して若魚に成長した春季に、早くも本来の繁殖行動のために産卵場を求めて河川を遡上する。結局、アユは遡上時期が若魚期でサケなどに比較して随分早いが、河川を遡上して産卵のための準備をしていると理解すると辻褄（つじつま）が合う。なお、アユの河川での早期の遡上に関して、その目的は春季から夏季に生長が著しい河床の藻を食べて、アユが著しく速く大きくなって体力をつけることにあると言われている。淡水魚類の中で、河床の着生藻類を食する魚類としてオイカワが知られている。しかし、その方法は“ついばむ”方法で、藻類を食べるのに“削り取る”方法を身に付けた（櫛状歯を持つ）のはアユだけである。餌効率がよく、遡上してわずか４カ月ほどで体長15～20㎝、体重80～100gに成長し、年魚と呼ばれるように、産卵後にアユとしての全生活史を１年間で全うするのである。

ちなみに、アユの産卵数は２万～12万個と言われ、サケ科のアマゴ、サケでは3,000～4,000個であるのに比べるとかなり多いが、フナは10万～20万個、コイでは50万個である。

③ アユ仔魚の降下生態

アユはサケ科魚類（アマゴ）と近縁関係にあるが、アユの卵の径が0.8～1.0㎜であるのに対してサケやマスでは２倍近くあり、後者は産卵床を作って受精卵を保護するのに対して、アユ卵は流失を防ぐために河床の石に付着する膜を持っているとはいえ、無防備である。さらに、アユの孵化仔魚は卵黄を持って海洋に向かって数十kmを流れにまかせての旅に出る。降下中に受けるさまざまな障害は計りしれないほどであろう。長良川で、プランクトンネットを用いて仔アユの降下状況を調査していた時、産卵場の岐阜市河渡地区から約２km 下流の穂積大橋（瑞穂市）で 90％以上の死亡率を計測したことがある。その日から５日後に長良川河口堰（三重県桑名市）の魚道で同様の調査をした時、ほぼ同じ死亡率であることを知った。どういう事か？ と悩んだ。河口までの40kmの区間での死亡率は０％であったということか。考えても解答は浮かばない。研究室に、穂積大橋で採れた死亡個体を持ち帰り、水槽に入れて曝気をして観察したところ、１週間後には、その死体は跡形もなく消失していた。穂積大橋と河口堰ではその母数となる個体数（死体の数も含む）が全く異なっていることに気付いた。すなわち、穂積大橋で死亡していた個体は、河口堰では母数に全く加えていなかったのである。続いて、降下仔アユの産卵孵化場から２km下流の穂積大橋まで、どのくらいの時間で流れ下るのかが気になり、ミカン（河川に流すことが許される物体の条件は自然状態で近々に分解・消失するものでなければならない）流しを行って、そのミカンの流下する状態を観察した。早いものは１時間以内で、遅いものはずっと淀みに留まったままで消失することを知った。

長良川を流下する孵化仔魚の数は数十億尾と言われる。仮に 30 億尾のアユ仔魚が産生されると仮定した時、自然河川における孵化率を 50％とすると（20 歳代の頃に人工授精卵の孵化率を調べた時には、養殖池という管理された環境下では平均 90％であった。このことから自然河川での孵化率を50％と仮定した)、産卵に加わった親魚（雌）の数は数万尾という計算になっている。

長良川に河口堰が建設される計画が具体的になり、数年後には運用されるという情報が伝えられるようになった頃に、河口堰が建設運用されれば、自然豊かな長良川が何らかの影響を受けるのではないかと思った。当時は、関係部署によって過去には見られなかった規模の調査団が結成され、情報の収集に力が注がれているとの報道もあった。しかし、「それでも、自分にも何かできるのではないか」と考えた。そして仮説を立てた。堰の建設の前と後での違いを探るとすれば、遡上魚であるアユの動向に関してであろうと考え、次の二つの情報を収集することにした。まず、①「海へ降下する仔アユ」であり、次に、②「海から遡上して河川に定着するアユ」についてである。前者①は、プランクトンネットを橋の上から垂らして降下仔アユを採捕したが、安定した採集尾数が全く得られないのである。直径30㎝のプランクトンネットで採集される尾数の結果から、調査年度によって数十億個のレベルの変化のある降下仔アユの数の変動の何らかの変化を見いだすことはあまりにも無謀であることを思い知った。しかし、今もなお、多方面でいろいろと工夫が積み重ねられている。

後者②は、遡上アユが河床に定着している場所でのアユの密度と体長を知ることであった。その候補地点は、河口から40㎞上流の大垣市墨俣町～岐阜市河渡地区であった。この場所は、それまでの自身の調査結果から、長良川に分布する淡水魚類のうち、大半の魚類が生息し、さらに海洋（伊勢湾）から遡上してくる海水魚の辿り付く終着的な地点でもあることを知り得ていたのである。なお、このような調査を意識的に始めたのは河口堰運用開設前の1980年代後半であった。しかし、このような調査の場合、最も頭を悩まし検討を要することは、比較対象河川をどこにするかであった。比較のために、隣を流れる揖斐川における情報をどうしても得なければならないと考えた。その頃、私は勤務地（朝日大学歯学部）で魚類の奇形発生について研究していた関係もあって、西濃水産漁業協同組合の高木数之助組合長（医師で、当時指導を受けていた京都大学解剖学教授の西村秀雄先生と懇意にされていた県議会議員）と知り合いであって、さまざまな場面で便宜を図ってもらった。その結果、揖斐川・大垣市における海産遡上アユの標本が入手できたのである。西村先生は全くの恩人であり、人生の大先輩として今なお尊敬してやまない。なお、私はその当時、既に長良川下流漁業協同組合（現長良川漁業協同組合）の組合員であった。余談ではあるが、当時、河口堰建設の補償問題が起こり、組合員である私自身も対象となったが、「目的は魚類学の研究であり、受け取る立場にはない」と固辞した。この考えは、初めは聞き入れてもらえなかったが、最終的には魚類増殖のための基金に当てる（寄付）ということで了承してもらった。組合には、大変ご迷惑をかけた上にお世話になったが、それ以来、これまでずっと標本入手にはご理解をいただいている。

現在、長良川を遡上するアユの量は、河口堰の魚道で計測することが可能になり、かなりの信頼性があり、その計測された総尾数から実際の尾数を推定する方式も考案され、それによると毎年200万～800万尾ほどであろうか。この数値は、変異幅が広く、信頼度が低いと感じるかもしれないが、魚道での実測値では最大は最小の39倍、一方、1950年代に京都大学の研究グループが実際の遡上数を計測し、さらにさまざまな要因を考慮して推定した結果、最大は1955（昭和30）年の100万尾、最小は1957年の2.7万尾で、その差は37倍であったと示している。この調査河川は小さくて、河口から1㎞の地点に灌漑用ダムがあり、そこに設置した魚道を通らなければ上流へと遡上する手段がなく、放流事業も行われていないということから、この数値の信頼性は著しく高いと思われる。遡上量調査のような場合に、調査年度によって大きな差が生じると「予想の範囲内です」との説明がなされ、理解を求められることがあるが、自然界の凄さを垣間見たような気がする。水産業の範囲内では豊漁の年も不漁の年もあるということであろうか。

④ 稚アユの海洋での生活と摂餌器官の発達

木曽三川を降下した孵化仔アユは、河口近くに接近すると、干満の影響を受けてしばらくの間は汽水域に留まる。この間に、餌を自身の卵黄から動物プランクトンに変えて、海洋に出る準備をする。飼育実験によると、この時期には口部には全く歯を持たず、餌は丸のみ状態であった。体幹をS字状に曲げて反動をつけて餌に突進するのである。この時の口は、いわゆる上･下の顎で大きな口腔（腔所）をつくっているのである。この状態が約2カ月間続く。体長は、孵化した時には5～6㎜であるが、この頃には15～20㎜に成長している。その後は、口腔内に広範囲に多くの歯が形成される。ヒトでは、歯は上顎と下顎に限定して植立しているが、アユでは口腔を前後と左右側からぐるりと取り囲むように形成される。

アユの研究を始めた頃に、海洋で冬を過ごしているアユの標本がどうしても入用になったので、三重大学水産学部の森浩一郎先生にお願いをして、その入手の手はずをお世話願った。先生とはそれ以前から、矢作川などで魚類調査に同行させていただいていた。三重県津市の白塚漁業協同組合に海アユの採捕をお願いしたところ、快く採捕していただいた。その時、アユの標本瓶の中身を見てびっくりしたことは記憶に新しい。なぜなら、標本瓶の中の体長約30㎜の200尾の稚魚が全てアユであったからである。しかも、採集日も場所も同じであった。「この人たちは、アユ稚魚が伊勢湾の何処に群れて生息しているのかを知っておられるのだ！」と驚いた。そのことは今なお、私の頭の中にしっかりと記憶されていて、春季に河川へ遡上するアユの群れの体長が、早い時期のものよりも遅い時期のものではかなり小さくて、しかも極めてその体長が似ているということに関連しているように思っている。

これらの海洋で冬季を過ごすアユは、かなり外洋に出る。木曽三川で生まれたアユ仔魚が流下して伊勢湾に入る３河川の河口部は接近しているが、仔・稚魚はその後、外洋にまで出ると言われ、広い範囲に分散することになる。その結果、他河川、例えば、三重県や愛知県の河川由来の稚魚も混在するようになると考えられている。このことは、日本列島に生息するアユが遺伝的にほぼ同一であると言われることに深く関連していると思っている。

２月中旬になると、長良川では、その年の遡上アユの先発グループが、河口堰の魚道に出現する。「今年も来たか……」とアユに関心のある人々の心を安堵させるのである。その後、４月上旬までは、１日に数尾から数十尾ほどの遡上が観察される程度であるが、４月中旬になると、群れて遡上する姿が見られるようになる。その群れは日毎大きくなり、活発になる。海洋から河川に入って遡上していくのだが、以前からこの生活場の変化には、浸透圧に関連した生理的な現象や、食物が動物性プランクトンから植物性プランクトンに変化することなど、克服しなければならないことが知られていた。そのうちの食性の変化に深い関係がある、口部の形態および歯の変化について、今なお研究を続けている。アユは、孵化してから体長約20㎜に成長するまでの２～３カ月間は口に歯を持たない。餌を捕るのに、体をＳ字状に曲げて反動をつけ、口を開いて餌に突進して丸のみする。しかし、体長20㎜以上に達すると歯の形成が進行する。この時の歯の形は円錐形で、ヒトの犬歯によく似ている。しかも、歯数は個体によってかなり変異が見られる。全く植立していない骨も見られるのである。歯骨・口蓋骨および鋤骨によって、口腔をぐるりと取り巻いて植立する歯の役割、餌生物（動物プランクトンなど）を捕獲するよりは、むしろ逃亡を防ぐ役割をもっていると考えられる。遡上時期が近くなって、河口付近に集まってきた若アユは、稚魚期に使っていた歯のうち、前述した歯骨歯、鋤骨歯、そして口蓋骨歯の脱落が始まっている。さらに、歯や骨を染めた骨格標本の口部をよく見ると、上顎と下顎の外側には細い針状の物体（１㎜以下）が、この頃、既に並んで配置しているのが観察される。これは、河川へ遡上してから河床の岩石上の藻を削るための櫛状歯の原基で、歯列は形成されずに一歯列状に存在しているが、既に河川への遡上後の準備が始まっていることを示している。これらの事情（歯骨歯の脱落が始まり、櫛状歯の形成が始まる）は、海洋で成長した稚アユが河川へ遡上する時には全ての個体で観察される。今までに調査したアユ稚魚は2,000尾を超えるが、例外に出合ったことは一度もない。この時に、長良川河口堰の魚道で採集した遡上アユの腹部を観察すると、多く動物プランクトンを食べていることが分かる。

木曽三川を遡上するアユの体長について３～６月の遡上期間の時期的な変化を見ると、遅い時期に遡上するアユの体長は早い時期のものよりも小さいことは、実際の採集標本で確認している。そして、全国各地の河川（例えば富山県、静岡県など）でも同様な情報がある。時々、この現象は河口堰の影響ではないかとの声を聞くが、前述した揖斐川･大垣市を遡上していくアユの体長分布調査において、既に 1980 年代に確認されており、その可能性はないと判断される。次に、この体長の現象はどういうことなのかが課題になる。まず、最初の問題は、それぞれの群れを構成するアユ個体の日齢（孵化してからの経過日数）を明らかにして、遡上時期との関連を追究したいという点である、これは難問である。日齢の査定に用いられる体に刻まれた現象は、同じ日齢の人工孵化養殖アユ個体の間においてもかなりの変異が見られ、自然界から得た標本について確実な日齢を知ることは困難だからである。すなわち、「早く産まれた個体は早い時期に遡上する」という仮説について、確かな証拠が見いだせないことになる。そこで、冬季の海洋生活期間中に、日齢ではなく、発育段階が同じ個体か、例えば、海流、水塊、餌条件、水温などの単一または複数の要因によってその集団が形成され、その集団（個体群）が発育段階の進行に準じて遡上するのではないかとの仮説を立ててみる。このことは以前、三重県津市・伊勢湾におけるアユ稚魚のほぼ同一体長の集団が、同一日に同一地点で捕獲されたという状況が説明できそうな気がする。しかし、現在はまだ仮説の段階である。

⑤ アユの遡上活動

河川を遡上したアユは上流へと向かう。早く川に入ったアユは上流から順に、ナワバリを作って定着する。この時、遡上アユは隊列を成して上流へ向かう。隊列は約 1.0 ～ 1.5m の幅で、その長さは 0.5 ㎞から 2 ㎞に及ぶことがある。1990 年代前半期には、長良川の大垣市墨俣町～旧岐阜県穂積町（現瑞穂市）の付近の岸側で、このような隊列に年に１～３回ほど出合った。その列の中へ網を入れたり、足を踏み込んだりしても、その列が乱れるのは一瞬のことで、すぐに元にもどって遡上していく。アリの行列に似ている。しかし、最近は見られなくなった。時々出合うが、その長さは100 ～ 200m 程度であり、群れて数百尾がややバラバラに遡上するのに出合う程度である。数年前に、木曽川の馬飼頭首工の魚道を、かなりの長い時間、“びっしり”という表現が当たるような遡上に出合ったと聞いた。わずか30分～１時間の間に、目視で数万尾がカウントできたとのことであるので、少し嬉しくなった。魚道を遡上するアユも単独のものはめったに見られず、数十尾が一塊となって上流に向かっていくのが普通である。

遡上期間の終盤に近づくと、長良川では岐阜市近辺、木曽川では岐阜県笠松町近辺、そして揖斐川では大垣市万石地区付近で、体長50 ～ 60㎜の小型アユが群れているのが観察される。その上空を見上げると数百羽のカワウの群れが飛び、さらに浅瀬にはサギが多く見られ、これら小型アユの将来は極めて不安であると心配した。揖斐川の大垣市万石地区では、20 ～ 50尾が岸近くの浅瀬（水深５～20㎝）にて死んで白く変色している個体が毎年見られた。取り上げて体の表面を見ると、何か硬いものでひっかかれたような傷があり、おそらく、サギかカワウの嘴（くちばし）によるものであろう。このような現象は、岸辺に草が繁茂しアユがその姿を隠せれば回避できるのだが、そのような環境は少ない。10年ほど前に、琵琶湖の余呉川放水路河口の水深40 ～ 50㎝の所で、カワウ40 ～ 50羽ほどが泳いでいる付近で投網を打ってアユの採捕をしていた時に、全く採捕できずに「今年はアユが少ないのか、今まで経験のないことだ」と思った。その後、1時間ほど間をおいて岸辺の草の中を歩きながら再度投網を打った時には、いつものように1回に10～30尾が捕れた。アユはカワウの居る間は草むらに隠れていたことが分かった。しかし、このような岸辺は最近の河川では見られなくなった。コンクリート護岸が砂地へ移行する水際にまで建設されている。アユのカワウから逃れる手段が一つ減ったようである。

また、体長も小さい（50㎜以下の細い体形のアユ）ために遊泳力が小さくて、流れのある所で良質の藻類を摂取することは困難であると予想され、川の中心部に出て夏季を乗り切って体長15㎝を超える成魚に成長することは難しいと感じる。実際、長良川の下流域（岐阜市・大垣市墨俣町地域）で、30年以上前には水深30～50㎝の淀みに体長80～150㎜のアユが群れ、1回の投網で何十尾も捕れたが、この数年そのようなことは全くなくなった。当時は、これらの小型アユも上流からの落ちアユに交ざって産卵群を構成して、次年度のアユの再生産に大きく貢献しているのだと思っていたが、これら小型の産卵親魚群は、今はほとんど見られなくなった。

⑥ アユ成魚の河川での生活

河川を遡上したアユおよび放流アユの生活様式は大きく二つに分けられる。一つはナワバリを形成するグループ、もう一つは群れアユとして生活するグループである。まず、ナワバリアユのナワバリの大きさは1尾当たり約1.0㎡と言われており、その範囲内で生産される藻類によってアユの一生の食生活は賄われる。そして、このナワバリの維持に関するアユの対応はかなりしっかりしたもので、他のアユが侵入すると全身での体当たりで追い払う。時には、侵入したウグイなどにも体当たりをする。この特性を利用して、人の手でオトリアユをそのナワバリ内に入れて、体当たりしたアユを釣り針で引っかける。これがいわゆる友釣りである。だいたい一つのナワバリで２～３尾が順に釣り上げられるが、この場合だんだんと小型になるとも言われる。アユを放流する前に放流尾数を計画するが、その基本は漁場と思われる場所（瀬）の面積を計測してそこにいくつのナワバリが可能か計算するという。さらに、ある一定期間を空けて再度放流をして、解禁と称して二度、三度……とアユ釣りを楽しむこともある。自然河川内の漁場が、釣り堀と同じ感覚である。

これらの数値（ナワバリ数）を参考にして、関係者はアユの漁場として各河川を評価し、毎年、放流アユの尾数の計算の資料の一つとする。このようにして木曽川水系では海産遡上アユと放流アユが混在した水域で、また、それ以外の放流アユのみが生息する水域ではそれぞれの場所で、春～夏季にかけての数カ月間で、体長15～20㎝に立派に成長したアユが見られる。夏の到来によるアユの友釣りシーズンの幕開けである。しかし、釣り人の数はこの数十年に著しく減少している。漁業協同組合をはじめとして水産関係の人々は、将来に向けて多くの人々を川に呼び込みたいと思案している。

毎年７～８月の夏の盛りには、それぞれの河川はアユの友釣り客で賑わう。そして川岸ではバーベキューやキャンプ、あるいはさまざまなイベントでアユ料理を楽しむ光景が目に入る。「アユ料理では何が好きですか」と多くの人に問うアンケートを行ったことがあるが、最も高い人気は「塩焼き」であった。塩焼きにする時には腹わたは取らずに、もうもうと出る煙の何とも言いようのない香りが大好きだという人も多い。この香りは川の藻類（特にケイ藻）が焼ける時に生ずるもので、したたり落ちる肉汁だけでなく肉そのものにも染み込んでおり、口に入れた時に感じる香りとして多くの人が好む。残念ながら、昔のように頭から尾まで内臓も全て食べる人は少なくなったようである。内臓に入っている泥や砂の粒子をのみ込むのを拒否することも多く、天然アユの人気が落ちているように思われる。特に小さな子供に食べてもらおうとする時には、そのような心配のない養殖アユが選ばれているようだが、近年の養殖技術の進歩は目ざましく、天然アユと見分けがつかないほどの味を呈している場合も多い。決してアユが高級魚として扱われるのではなく、広く産地地域の学校給食などで提供され、地産地消の一つとして将来に向かって好まれることを期待している。写真に撮った長良川上流のアユと下流のアユを比較してみると、共に美しい姿をしている。アユは味や香りのみならず、見た目にも注目してほしいものである。

毎年、春季のアユの遡上時期が変動しているが、秋季の落ちアユが出現する時期も変化するため、人々は気を揉んでいる。しかし、その原因はなかなか単純ではないことなので日頃から注意深く観察することが肝心であると思っている。

晩夏になると性成熟したアユから順次、上流から下流に向って下って行く。このアユを相手にして、河川の所々で“瀬張り漁”という方法による漁業が行われている。これは、川幅いっぱいに縄を張り、下ってくる親アユを驚かしてその縄の上流にアユを留めておき、そのアユを刺し網（投げ網）によって捕獲する方法である。

海産アユが河川を遡上するに際して、体長の大小にかかわらず、下顎（歯骨）上に形成された円錐歯いわゆる稚魚型歯系は脱落し、歯骨自体は骨吸収と骨形成によって全く姿を変える。一方、顎の外側の結合組織中に櫛状歯が姿を現す。遡上する時には、例外なくこの現象が若アユの下顎（歯骨）に生ずるのである。この現象を誘発するのは、孵化からの期間（日齢など）や体長の大きさによるものではないことは、長年の調査結果から間違いなさそうである。自然河川における遡上アユの状況と人工孵化養殖による同一年齢(採卵・受精が同じ）アユの状況を比較すると、このことが知れる。ただ、自然界では、体長が小さくても下顎の歯が交代して櫛状歯が発達して遡上してくるアユが、６月頃には多く見られる。しかし、これらのアユは遊泳力が小さく、河川の流心部の流速の速い河床に育つ良好な藻類を食(は)むことが適わず、十分に成長できない。このようなアユは、岸近くをよろよろとしている。近年では、サギ類やカワウの餌食となって一生を終える。一方、体長も順調に成長したアユはやがて、完全に河川生活が行われるようになり、その頃には完全に櫛状歯はその様相を整え、口腔底には舌唇の形成が進行する。このことによって動物性プランクトン食から植物性プランクトン食に変化するのである。このときの構造的変化とそれに関与する細胞・組織は次のようである。

1）歯骨の上縁および歯足骨（歯と骨を結合させる骨）の吸収が、歯骨の上縁前方から始まる。
2）同時に歯骨歯は脱落し、吸収された歯骨の跡に前よりもずっと大型の歯骨が形成し始める。それからかなり離れた外側の結合組織内に、櫛状歯を構成する板状歯（分離小歯）が列をなして出現し始める。
3）舌唇・櫛状歯の形成が進行する。
4）櫛状歯を構成する歯列の前部に植立する分離小歯は、順次破損などにより脱落して、顎から消失し、その後部に位置する板状歯が順次萌出して歯列を形成し、機能を補っていく。

産卵・受精を終えた親アユは、間もなく一生を終える。岐阜市・忠節から河渡地区の岸側の浅い所にアユの死体が横たわっていたり、ふらふらとしている死ぬ間際のアユをサギ類が群れて啄(ついば)んでいる光景に時々出合う。琵琶湖の姉川河口では毎年、産卵の時期になると足の踏み場もないほどに真白い死体が横たわっているのに出合うが、その数の多さに驚く。

しかし、生物の社会には必ず例外があると言われているように、一年で死なない"越年アユ"が所々で出現する。岐阜県内でも時々、越年アユの情報がある。7～8年前に、牧田川漁業協同組合長さんに、町内で冬を越すというアユの観察のために、その用水路に案内してもらったことがある。冬でも水温は10～14℃と温かく、数十尾の群れがフナやオイカワなどと一緒にゆっくり遊泳している光景を見ることができた。毎年、ここでは同様の越冬アユが見られるそうであった。

(4) 人工孵化養殖アユ

長良川をはじめとする岐阜県内の各河川には、伊勢湾から遡上してくる海産アユと、琵琶湖産および人工孵化養殖産の放流アユが生息している。由来から見れば、遡上アユと人工孵化養殖アユは両者ともに海産アユ由来で、系統的に見れば同一であり、他は琵琶湖アユ由来であることから、県内に生息するアユはこの2系統ということになる。現在、統計的に考えられることは、岐阜県内での放流アユは年間120トンで、このうち、岐阜県魚苗センター産の親アユが、明らかに海産遡上アユである稚魚が70トン（58％）を占めているということである。自然河川の代表である長良川では、生息アユの比率から見れば、海産遡上アユ（天然）と人工孵化養殖アユが、それぞれ約50％を占めると言われている。一方、スーパーマーケットなどの店頭に並んでいるアユの生産地や天然と養殖の区分を見る限り私たちが口にするアユは、おそらく過半数以上が人工孵化養殖アユ由来であろう。このように考えると、岐阜県のアユを語るときには、人工孵化養殖アユの育ち方は極めて重要で必要不可欠だと思う。海産遡上アユの生活史の概略を前に述べたので、人工孵化養殖アユの基本的事項を述べることにする。この項に関する内容は、人工養殖事業の代表として、一般財団法人岐阜県魚苗センター（岐阜県美濃市）の舩木和茂業務執行理事、清水寛貴主任技師から伺った話を中心にまとめたものである。このセンターは、岐阜県と岐阜県漁業協同組合連合会が共同出資して、1983（昭和58）年1月4日に財団法人岐阜県魚苗センターとして設立され、同年2月1日に業務を開始し、2012（平成24）年9月3日には一般財団法人岐阜県魚苗センターに名称を変更して現在に至っている。

センターの業務方針や業務内容については、同センターの出版物に書かれており、さまざまな書籍に紹介されているため、ここでは、「魚苗センターで養殖されたアユは美味である」と多くの人が絶賛すると言われ、岐阜県人の表現を借りれば、「美濃のアユはうまいんや」となる、その理由をなんとか追求してみたい。

まず、同センターの舩木業務執行理事、清水主任技師に単刀直入に「なぜ美味なのですか」と問うたところから始める。両人の返答は「分からない」、実に明快であり、かなりの部分で、私が思っていた通りの弁であった。では、その目的のなぜうまいのかの理由を明らかにすることに成功できることを念じて、お話を聞きながらその理由を考えてみることにする。

① 親魚（産卵・受精）の由来はどこか

この件については、以前出版した「長良川のアユ」で紹介したように、例えば2015（平成27）年には、親魚は長良川と木曽川でほぼ半分ずつ（雌親魚3,000尾、雄親魚1,500尾）である。受精の段階では、特に遺伝子の多様性に配慮して、雄親魚の選別の際には人為的要素が関与しないように細心の注意を払っているとのことであった。さらに、人工授精時期は10月中旬以後であることによって、琵琶湖産放流アユの混入は避けられることにもなる。すなわち、親魚は海産アユ由来ということになる。

② 人工孵化養殖の飼育水の水温管理

人工授精を行った受精卵は、水温15～17℃の井戸水（長良川の地下水）を用いて養殖される。同センターには、地下水を汲み上げる井戸が美濃市と関市に合計17カ所あり、それぞれの井戸の水温は多少の違いがある。自然河川における孵化時期の水温に倣って、水温16℃の水で維持管理するために、16～20℃に維持されている井戸の水を使用し養殖されている。主に冬季に水温が16℃以下になる場合には、ボイラーを用いて加温する処置を行うことがある（ボイラーの設定温度は16℃）。

③ 餌料の種類

人工孵化養殖を行う場合に最も気を使うのは、給与する餌の確保である。特に、初期餌料の管理は、その魚類の人工孵化事業の成否を左右すると言われる。アユの初期餌料の安定供給には、関係者の長年の努力があったと度々聞いた。ウナギの人工養殖の成否は初期餌料の開発に依っているとも言われている。

同センターでは、次のような計画の下に十分な準備が行われている。

1）孵化開始後

シオミズツボワムシが孵化開始直後から供給され始め、約60日間継続される。その給与数量は、アユ仔・稚魚1尾当たり約700個体／日と言われる。この頃のアユ仔・稚魚の飼育密度は20～25尾／ℓである。この時期の餌が十分に安定的に供給されることが、アユの栄養的要素の基礎作りに大きく影響する。この技術の開発・安定は、著しく困難であったと聞いている。

2）孵化後11日目

人工配合餌料の供給が、孵化後11日目頃から開始される。この人工配合餌料はそれ以後、養殖期間の基礎的餌料として使用される。

3）孵化後21日目

孵化後21日目から、アルテミアの供給が開始され、孵化後70日目まで継続される。

4）孵化後70日目

餌は人工配合餌料のみになる。成育状態を観察しながら、供給量を調節する。

④ 飼育水の管理

まず、同センターでの飼育水は、長良川に極めて近い地点の地下水であり、その水質は長良川の水に限りなく近いものである。その長良川は、日本一に輝いた郡上アユを育てた川であることは、美濃市における岐阜県種苗センターの環境の最大の要素である。

1）採卵（授精）から孵化終了までの期間

人工授精を行った受精卵は、15 ～ 17℃の井戸水で、酸素供給を行って飼育される。孵化が完了するまで維持される。

2）孵化終了後

人工海水による飼育に変える。塩分濃度は、海水濃度の 1/3 に調節される。この時の基本となるのは井戸水である。この状態で約 87 日間維持され、この期間の水温は 16℃に調節される。80 日齢の時に成長段階毎に選別されて、その後の飼育条件（主として給餌の調節）が検討され、体長のほぼ似通ったグループが形成される。この成長段階でのアユの体重は 0.3 g、鱗は未完成である。

3）選別から放流までの期間

再び地下水での飼育となり、この時の水温は 15 ～ 17℃に調節される。体重は 0.5 ～ 1.0 g で、鱗形成が進行する。約 2 カ月間の飼育によって、放流サイズ（体重 10 g）に達するように、溶存酸素量の調節、餌の十分な給与、さらに流水中での飼育を行う。このようにして、池中養殖を行ったアユを突然、自然河川に放流することになるが、その時の急激な変化に対する対応・処置はどのように配慮されているか。まず、流水中で飼育することによって、前もって河川の状況に対する慣らしが行われている。さらに、餌の変化（固形の人工配合餌料から河川の着生藻類への変化）への対応は、養殖池での飼育期間中に、池の壁面や底面にかなりの密度で繁茂した藻類を食べることで、その習慣が自ずと身に付いている。このような飼育環境であることから、人工孵化養殖アユの河川への放流がスムーズに遂行されるのである。

4）河川への放流後のアユ

一般的に、養殖アユは天然アユに比較して、体に多くの脂肪を蓄積すると言われ、口に入れた時の食感や味の違いを気にする人も多い。そこで、人工孵化養殖アユを河川に放流した後、どのくらいの期間が経過すれば、両者の差が消失するかが話題になる。現在、いろいろな立場からの話を統合すると、通常、約２カ月を河川で過ごしたアユでは、その差異が識別されなくなるようである。

以上、現代のアユの人工孵化養殖の技術面を、一般財団法人岐阜県魚苗センターで行われている内容の聞き取りやパンフレットの掲載内容を中心に紹介してきた。まず、同センターの方法は、全体を通して、実際に河川で生息しているアユの一生を飼育での技術面に的確に反映されており、見事である。このことが、「美濃のアユは美味である」との評価を得ている根元だと思う。

岐阜県魚苗センターで生産されたアユの不飽和脂肪酸含量について、日本食品分析センターに分析を依頼した結果、自然河川の長良川で生育しているアユとも、海産の青魚（サンマ、イワシ、アジなど）とも全く同様であった。このことから、同センターにおける養殖技術では、自然界の魚類が一生を通じて魚体に必要な栄養素を、養殖池の中で生活するアユが食環境の面で摂取することができる生活環境の維持管理ができているものと判断できよう。

さらに、過去に、天然の親魚、稚魚ならびに人工授精で生産されたアユの間で、DNA（遺伝子の多様性）を比較した時に、差異は見られなかったそうである。このような検定（チェック）は、人工孵化養殖魚類を自然河川に放流する場合には極めて重要であり、今後も継続して実施されることが望まれる。

長良川をはじめとして、岐阜県内を流れる大・中河川におけるアユの将来を語る時に、決して楽観的な見通しは聞かれない。県民の希望は、未来においても、長良川や故郷の河川にアユが多く生息していることであり、実現可能であるとの思いも大きい。「若アユのように」とか「家の前の川にアユが来た」、さらに「年に何回かアユ料理が食べたい」と言って、ヤナの予約を心待ちにしている人は多い。一方、自然河川では魚類の姿が昔に比べて減っている。決してアユも例外ではないことも気付いている。そこで、アユに関係しているさまざまな人々が知恵を出して、「アユの棲める河川環境の維持･保全」「自然繁殖の状態を継続しながらの種族保全の技術開発」さらに、「住民のアユに対する親愛なる気持ちを維持しながら、食の面でも全うしたい」などと多方面からの対応策を考えてきた。自然河川で生息するアユはもちろん、池中養殖のアユにおいても、それらのアユの生活に関わっている人々は、さまざまな努力をしている。今後もその姿勢が維持されることを願う。

(5) 岐阜・長良川のアユ（郡上アユ・和良アユ）はなぜうまいか

日本全国のどこに行っても「自分の地元の川のアユが日本一美味である」という自慢話を耳にする。地産地消の精神からいえば「そうかもしれない」と思う。しかし、ヒトの社会では一番を好むことがしばしば起こり、どうしても競争をすることになる。競争となると、審判員の選択が重大な案件となる。この判定を誰が行うかによって大分結果が違ってくる。

しかし、いろいろと検討が行われると、多くの人が納得のいく評価に落ち着く。その結果、岐阜県内の河川では、長良川・郡上地域のアユと和良川のアユが、さらに最近では馬瀬川のアユも日本一に輝いた。

私も頭から信ずるわけにはいかないので、他の河川も含めて塩焼きアユを食べ比べてみた。双方ともに美味であった。いや、納得のいく味であった。姿もいい。「これならば、他所の人にも自慢できる」と思った。さて、なぜうまいのか？

昔、全国の河川を紹介する本の原稿を依頼された時に、岐阜・養老の滝の情報を得るために現地に何度か通った経験がある。なぜ養老の酒になったのだろうと思いながら、滝の近所で養老の水を飲む機会があった。その水がなんとも舌触りが良くて美味であったことを思い出した。ミネラルを多く含んでおり、炭酸飲料にも利用されているのに合点がいった。郡上八幡の水を飲んだ時に、その味を思い出したのである。そしてこの地方は鍾乳洞で有名であり、昔はこの周辺の家庭では上水道にこの鍾乳洞の水を利用していると聞いたことがある。

20歳代の前半に、アユにはサケと同じように母川回帰の習性があるかと聞かれたことがある。その時、サケは孵化してから1年間はその河川に留まった後、海に降下するが、アユは孵化した直後に川の流れに乗って海に入る。サケは生まれた川の水の水質を記憶する時間があるが、アユにはそれがないので両者ではかなり異なり、アユが母川回帰をするとは言い難い、と答えた。しかし、アユは海洋に出ても海岸から大きく離れることは少ないため、自ずと河口が近くの河川に遡上する可能性は高いと考えられる。1970年代に木曽三川（木曽川・長良川・揖斐川）の水を流して、その下流でアユを放流し、どの川の水を選ぶかという実験をした結果、長良川の水が最も好まれたという調査報告に接したことがある。アユが好む水であれば、そこに生息する他の生物にも同様である可能性が高い。とすれば、アユの餌として良質の河床着生藻類が育っているのではないかと考えられる。さらに、前述した郡上地方の水質に影響を及ぼす地質にその要因があるのではないかと思って資料を見ると、長良川の上流域と和良川地域の地質には共通点があることが分かった。両地域のアユが美味であるとの結果には何となく共通した要因があるような気がしている。

もう一言、郡上八幡の鍾乳洞の湧水について

郡上八幡地域の鍾乳洞から流出する水は、この地方の上水道の全ての水を賄うほどであると言われる。年間を通じて涸れることはなく、雨の多い時期にはほぼ5000 t／日、雨の少ない冬季でも300 t／日に達する。この湧水の年間の合計出水量は、この地域の集水域における降水量の合計とほぼ同じと言われたことがある。郡上地方は山林の面積が全土地の90％近くを占め、蒸発散量は降雨量の約30％であるとされる。

この地方の地層は石灰石層が主であることから、保水能力は極めて低い。地下水はチャート層（ケイ酸質）に保水されて石灰石の上を流れてくるために、ケイ酸分とカルシウム分が多く含まれていることになり、その結果として味の良い水ということになる。長良川の水はこれらを基礎として流下してくることになり、その水で育つアユの味が天下一品であることにつながろう。なお、郡上八幡の水は、養老の水と同じようにミネラルウォーターとして利用されているということである。

(6) アユの利用について（食材、観光資源）

① 食材

岐阜県内に限定されず、全国の各河川には海産遡上アユ、琵琶湖産放流アユ、そして人工孵化養殖アユが生息している。淡水魚の中で最も放流魚に依存している割合の高い魚類の一つと思われる。他にも同様に放流された多くの魚類、例えばサケ科のアマゴ、イワナ、ヤマメやウナギなどが生息している。アユがこれらの魚類と生態的に異なる点は、一年で一生を終える、いわゆる一年魚であることである。総体的に見れば、河川における生息密度の調節の可能性が高い魚種とも言えよう。すなわち、水産業の面から見れば安定はしているが、それに関わる仕事が多いとも言える、河川内での移動の範囲が広いこともあって、天然と人工放流アユの判別がつき難いとも言えよう。長い間、アユを観察してきた結果から、アユは世代交代が早いことも影響して、種として環境の変化に対応する能力が相対的に高いように感じている。

アユを食材利用という面から追求してみる。天然アユを食卓にのせることは、近所の知人や釣り好きな友人から分けてもらう時以外にほとんどなく、スーパーマーケットなどで市販されている天然のアユは 10 ～ 11 月に落ちアユがわずかに登場する程度で、大半は人工孵化養殖アユである。近年は、産地を明示することが義務付けられていることから、そのアユの由来が容易に消費者に分かる。岐阜県の長良川、馬瀬川、和良川などのアユは、全国規模の味比べ大会において日本一の名誉に輝いた経験がある。しかし、これらの産地のアユは、地元住民や学校給食などではなかなか使用されにくいとも聞いたことがある。いわゆる希少な点が影響しているのであろう。

しかし、口にすると、なるほどうまい。
　さて、問題は市販されているアユである。一昔前には、「養殖アユは脂肪が多くて……」という評価が一般的で、アユは天然物でなければ……と言われていた。しかし、養殖技術（飼育水、餌料、池中環境など）の改善が進み、さらに天然アユが市場にあまり出回らないことも反映して、養殖アユの利用が増えたように思う。今、身近でアユの消費が大規模に見られるのは、各地方で開催される各種のイベントである。この場合、一度に数百尾が必要であることから、養殖されたアユに限られているようである。近年は、そこに輪をかけたように、海産の青魚（イワシ、サンマ、アジなど）の市場への供給が不安定となり、その代わりにということでアユの人工孵化養殖技術の改良に伴う品質の向上と安定供給の高さもあって、食材としての人工孵化養殖アユに関心が持たれている。
　前述したように、アユの人工孵化養殖の技術は、自然界における生活史を十分に参考にして、限りなく可能な限り自然の状態に近づけて実施されている。いまや人類の一生は 100 年とも言われ、健康に日々を送ることが最大の課題になりつつある。特に、脳の健康には多くの人の関心が注がれ、認知症について人知れず悩むことも多い。なにも加齢に伴う症状だけでなく、生涯を通して重要であるとも言われている。具体的には必須脂肪酸（ヒトの体内で合成することができない脂肪酸）の DHA や EPA の摂取が、それぞれの成長段階において必要であるということに繋がっている。この DHA や EPA の人工孵化養殖アユにおける含有量が、他の青魚（イワシ、アジ、サンマなど）や天然アユと比べて差があるか否かを調べることに始まり、アユの成長段階や調理方法によって如何なる差異が生じるかを知ることによって、現場ではどのように対応できるか検討を始めている。この章では、アユの食材としての利用面と観光資源としてのカワウとアユの関わり合いについて少し触れてみる。

アユの食材としての利用方法（調理法）では何を好むかを問うと、多くの人が“塩焼き”と返答する。そして、アユの塩焼きを食べた時の情景を思い出して考えると、焼いている時の匂い、口に入れた時の匂いと味、さらに食べる場所が自然の多い河川の河原やヤナ場であって、家族と一緒に……というように、その雰囲気を含めての総合的な要因が加わっていることに気付く。アユの塩焼きを食べるということが、私たちの生活の一部の文化として深く根付いているように思う。岐阜・ふるさとの食文化の一つとして尊いとされている。アユは、その身（肉）自体には魚種特有の味がないのが特徴であると言われる。それでも、時として「あの人の塩焼きは美味だよ」とも聞く。塩焼きの場合には、人によって秘伝の調理法があるのかもしれない。

次に、一般的に家庭内で食されている料理を紹介してみたい。アユの料理にはさまざまな方法があるが、通常、一般家庭で入手できる食材としてのアユは、大半が人工孵化養殖アユである。加えて、岐阜県は内陸県であり県内の大・中河川では、夏季になると「友釣り」、そして、秋季の落ちアユのシーズンになると「ガリ漁」によって、釣り人に釣り上げられたアユのお裾分けとして、ご近所から天然アユをいただくことがある。一般的な料理法としては、塩焼き、甘露煮、アユ飯などがあり、シーズンによって多少異なるが、これらが主流である。岐阜県内の食物栄養学専攻のある大学でのアユのレシピ集では次のような料理が記載されている。①アユの塩焼き（梅おろし添え）、②アユのホイル焼き、③アユの香草焼き、④アユのアーモンド揚げ、⑤アユのごま浸し、⑥アユの旨煮、⑦アユのあられ煮、

⑧アユの刺し身、⑨アユ雑炊、⑩酢の物、⑪アユの天ぷら、さらに、管理栄養士（名古屋女子大学卒）によって、⑫アユのから揚げ。⑬アユのコンフィ、⑭アユのコンフィバーガー、⑮アユのコンフィスパゲッティ、⑯アユの五平餅、⑰アユ味噌などが紹介されている。

アユは味に癖がなく、どのような味付けにも対応できると前に述べた。そのようなことを反映して、全国各地でさまざまな料理法が展開されている。例えば、塩焼きや甘露煮の塩加減は地方によって異なり、特に内陸の山間地方では濃い味を好むという特徴がある。さらに、関西地方はやや薄味で、食材としては若アユを好み、中部地方では大型の成アユを好むと言われ、自ずと料理法の差が出るようである。岐阜県は、中部地方の山間地方であることもあって、やや味の濃い料理が好まれている。

② 観光資源

鵜飼

岐阜県内で鵜飼としてよく知られているのは、岐阜市長良の長良川鵜飼と関市の小瀬鵜飼であるが、漁で使われているのはいずれもウミウである。一方、木曽三川をはじめとして県内に広く分布しているのはカワウである。

30 年ほど前に、木曽川の魚類相の調査について相談を受けた時、あの大規模な木曽川に生息している魚類を調べるにはどのようにすればいいか、全く想像できなかった。現地を見なければと思って、岐阜県笠松町の木曽川堤防に立ったが、ますます頭でまとまりがつかなくなった。その後、昔の木曽川のような大河の魚類調査はどのようにしていたのか、気になって調べてみた。その方法は鵜の腹の中に含まれている魚類の調査であった。この時、前提となることは何かと思い、いろいろと検討してみた。当時、次のように考えた。

A. 鵜は日常的に餌とする魚の種類は選ばず、手当たり次第に食べているのだろうか。
B. 鵜の食べる魚の大きさは、全く選択されていないのか。
C. 自然河川の流れの速さや水深などにより鵜の活動範囲が制限されることはないのか。

すなわち目の前に現れた魚を無作為に食べていることが重要な条件であろうと考えたが、あまり明確な結論はその頃も今も得られていない。さらに、カワウたちはアユの群れを目の前にすると、今まで食べていた魚類を吐き出して、アユに向かうと聞いたことがある。日本（長良川・木曽川・宇治川・大堰川など）では鵜飼は夜間に行われているが、中国大陸（揚子江、南満州）では昼間に行われており、それは川が濁っているために日中でも魚が逃げないからだと説明されている。

鵜飼はどのようにして行われるのか。まず、子育ての時の鵜は長い食道の中に魚をためる。ヒナは、その親鳥の口の中に頭を突っ込んで魚を口移しにして食べる。鵜飼の時は、鵜匠が鵜の首に紐を結ぶ。緩く結んだ時には魚の大部分が胃に移動するが、固く締めた時には大部分の魚が胃に入ることを阻止される。後者は、漁法としては成立するが、鵜は疲れて活動できなくなる。すなわち、鵜飼は鵜の首に結んだ紐の結い方によって、鵜の口に入った魚の大きさを漁師が自由に調節をし、目的とする魚を吐き出させる漁法である。その日の鵜の働きの程度によって、鵜は良い食事にありつけたり、そうでなかったりしているのであろう。

カワウ

以前、カワウによって助けられた私自身の体験を紹介する。それは、揖斐川上流の徳山ダムでのことである。ダム湖の運用が開始されて間もなくの頃、「カワウがたくさん飛来して営巣している」との情報が、ダム管理事務所からもたらされた。早速出かけて、船で現地に向かった。営巣木の根元付近は湖底深くにあり、外観上、枯死している状態の木が数十本、集中して立っていた。それぞれの木の枝の分岐部や頂上部に総計30個以上の巣があり、それぞれの巣には親鳥やヒナが見られた。その時は、十数m離れた所から写真を撮って引き揚げた。数日後に再度、柄の長いタモ網を準備して出かけ、営巣木の真下まで船を接近させた。すると、所々の巣の真下近くで水しぶきが上がった。よく見ると、白色の物体が落下していて、「魚だ！」との声が聞こえた。近づいて、タモ網でその物体をすくい上げてみると、形がかなり破損し、肉の塊のような物を含めて、五体満足なものはほとんどなかったが、紛れもなく魚の死体であった。1尾ずつビニール袋に入れて研究室に持ち帰った。まず同定から……と思ったが、簡単ではなかった。特にフナ類は困難であった。それならば、と全個体のDNA分析を依頼した。なにしろ、コイ科フナ属の分類に重要な情報を提示してくれる頭部が欠如している標本が多く、検索による同定が困難であった。

数日後、分析結果が届けられた。なんと、ゲンゴロウブナ、ギンブナ、そしてニゴロブナが混在していた。このうち、ニゴロブナが大部分を占めていた。ニゴロブナは岐阜県内の河川では分布の報告がなく、では、どこから持ち込まれたのかの検討が始まった。まず、ニゴロブナが三重県桑名市のフナ養殖場で飼育されているという情報がもたらされた。その後、旧滋賀県木之本町（現長浜市）の琵琶湖から約30km離れており、カワウが運べる距離であることも知らされた。その前に、揖斐川上流の徳山地区で、ダム湖の建設前に河川や養殖池には生息していなかったのか、改めて入手できる資料はすべて検討し、旧住民の話も聞いたが、証拠となる情報はなかった。今もなお、このニゴロブナの由来は棚上げ状態である。

この件は、カワウがわれわれに教えてくれた貴重な情報であり、生物の生息調査の難しさを改めて認識させてくれたのである。なお、このカワウの巣（幼鳥）からもたらされた情報には、他にコイ科魚類のオイカワ、カワムツがあり、５年以上経過してからワカサギが常連の出現種となった。アユは未だもたらされていない。時として、アユ放流の噂があるが、繁殖はしていないことは確かであろう。

一方、前述したように、長良川・揖斐川・木曽川の下流域におけるカワウの行動には、少し呆れる。長良川河口堰および木曽川馬飼頭首工堰堤の下流では、春季からのほぼ一年の間、カワウが常駐していて、春季～夏季には遡上してくるアユを狙っている。カワウが水中に潜る姿を見ないと、「今日はアユは来ていないね」と言うほどである。さらに、30～40km上流に向かうと、100～200羽のカワウの集団が中州の砂地で休息していて、一部は川中にて活動中である。10年以上前に、長良川上流域（岐阜県美山地区）で、バットに整然と並べられた体長８～10cmのアユを見せてもらった。40尾以上であった。その人曰く、「これはすべて、カワウの一腹から出たアユだよ」とのことで、その凄さに驚いた。おそらく、その体長が揃っていることから、放流直後のアユのような気がした。今では、カワウの群れに出合うと、日常のことのように感じる。

(7) アユに関する余話

① アユ親魚の性差

産卵期を迎えたアユの成魚には、外観上にも性差が認められる。最も一般的に言われる性差は、特に臀鰭(しりびれ)の形に現れる。雄成魚では鰭の縁辺が湾入しているが、雌成魚ではやや丸く突出しており、その基底部の長さは前者の方が長い。実際に見比べると、ほぼ100%の確率で識別可能である。明るい昼間はこれで見分けられるが、夜間は困る。

若い時代に、困ったことに出合ったことがある。アユの人工授精は朝４～６時頃に長良川の岸辺で行われるのであるが、親魚はすでに採捕されて生け簀に入れてあった。受精させる（採卵と射精）役割は経験豊富な人たちで、必要に応じて「オス！　メス！」と要求する。私たちには暗闇の中で雄、雌を選択するという経験がなく、また「どうやって判別するのですか？」と聞くわけにもいかない。頭の中で今までの経験をフルに活用して、ウグイの受精の時に体表のざらつきで判断したことを思い出し、頭部の皮膚の肌触りによって、ザラザラ＝雄、スベスベ＝雌と判断して受精担当の人に手渡しした。非難の声はなかった。「よし！　判断は間違いなかった」と何かしら大きな経験をしたように思った。私たちは外界の情報を五感により得ることを通して、実際に体験・体感したことは、決して忘れることはない。それを積み重ねて関連付けて発展させることが、興味と関心が向上する源だと思っている。

② アユの遊泳速度

動物の運動に関与する筋肉には白筋と赤筋があり、前者は、収縮速度が早くて疲労しやすいが、後者は、収縮速度は遅いが疲労しにくく、長時間働き続けることができるという特徴がある。ヒトの体で言えば、呼吸筋、心筋、食物を咬む筋などは、赤筋の割合が白筋よりも多いため、持続的運動に力を発揮する。また、赤筋の割合の多い人はマラソン（長距離走など）に強く、白筋の多い人は短距離走に強いことになる。ナマケモノでは全身の骨格筋が赤筋である。なお、骨格筋に対するトレーニング効果は、①瞬発系（パワー系）は骨格筋を構成するほとんどの筋線維が動員されて筋肥大が生ずるが、特に遅筋線維（赤筋）はあまり肥大せず、速筋線維（白筋）が肥大する傾向がある。一方、②持久系に動員される筋は主として遅筋線維（赤筋）であり、速筋は動員されないため、速筋トレーニングにはならない。

魚の最高速度は白筋によって発揮されるが、疲れやすいためにその速度で長時間は泳げない。このことを考慮すると、魚の泳ぐ時の速さは“時速”で表現するのではなく、1秒間に体長の何倍の距離を泳ぐかで示す方が適しているとも言われている。

次のようなことが言われることがある。流線型の魚（アユも含まれる）の運動開始直後のスピードは10×体長／秒、10秒後には5×体長／秒、20秒後には4×体長／秒、そして安定した持続游泳速度は3または4×体長／秒で長時間続く。

③人工孵化養殖アユの生産の成就

海産遡上アユと琵琶湖産アユの違いについて、形態学的相違、生理学的相違、遺伝学的相違など、いろいろな面からの情報があり、各々で有意義なものも、またそうでないものもあって、錯綜している。ここでは、アユの人工孵化養殖技術の面からの話である。

1950（昭和25）～1970年は、アユの人工孵化養殖に関する研究・開発に関する多くの情報が、他魚種に劣らず、水産業界に見られた時代であった。しかし、人工孵化～仔魚期～稚魚期の発育・育成が成功したという話はなかなか聞こえなかったと言われている。その原因は何であったか。アユの人工孵化養殖には二つの高いハードルがあると言われたが、それはどのように克服されたかについて述べる。

A.　初期餌料（天然餌料）の課題

養殖現場では、クロレラ、卵黄などを用いて孵化直後を乗り切ろうと努力されたが、なかなか安定しなかった。1970年以降に、偶然に水田の片隅でツボワムシが発見され、それが参考にされて海産のシオミズツボワムシという餌料生物が確立され、やがて大量生産（安定）が可能になった。難関のクリアである。

B.　飼育水の課題

琵琶湖産アユの各地の河川への放流実験が成功したことを踏まえて、水槽での孵化実験に琵琶湖アユが親魚として用いられていた時代がある。これに準じてしばらくの間、淡水中で海産遡上アユの親魚の受精卵を孵育し、仔魚の飼育にも淡水を用いていたが、特に大量生産の成功例の報告はなかった。海水を使ってはどうかということで、海水を使用して飼育したところ、長期間の飼育に成功した。この時には、中部地方、特に岐阜県内では河川から親アユを得て人工採卵に用いる方法が身近であるということで、いわゆる海産遡上アユ由来のアユが採卵・受精の対象となっていた。このことに準じて、琵琶湖産親魚から海産遡上親魚への切り換えと同時的に、飼育水も淡水から海水に切り替わったのである。

これらのことで1975年頃までに、A、Bが同時に実験的に大型水槽飼育においても成功したのである。このA、Bの成功が、現在のアユの人工孵化養殖（種苗センター）技術の基本となっている。

岐阜県魚苗センターの活動（写真：同センター提供）

①～④：センター施設および周辺

⑤～⑩：生産アユおよび加工食品

①岐阜県魚苗センター飼育棟

②岐阜県魚苗センターの施設内部

③養殖地

④近くを流れる清流長良川

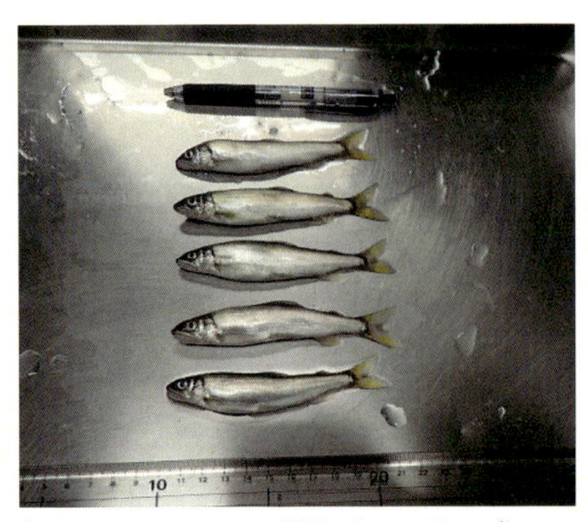

⑤全長約 10㎝のアユ種苗（10g サイズ）
食用としては甘露煮、から揚げなどで骨が柔らかく気にならないため、頭から尾まで食べることができる。

⑥全長 10㎝の子持ち鮎（珠鮎（たまあゆ））
長良川由来の鮎を最先端の技術を駆使して子持ち小鮎に仕上げ、岐阜県魚苗センターブランド「珠鮎」に。小さいながらも卵がぎっしりと詰まっており、見た目も食べやすさも良く、おせち料理などの縁起物に最適。

⑦アユ成魚の一夜干し

⑧アユのから揚げ
頭から尾まで骨も一緒に食べられる。

⑨甘露煮

⑩アユラーメン

写真から見たアユの一生（写真と解説）

河川で若魚から成魚に成長したアユは、10月に、長良川では岐阜市河渡地区を中心に約5kmの範囲の産卵場に落ちアユとして集まってくる。10月初旬には、一部の性成熟魚は産卵場まで落ちてくる間に産卵・受精をし、孵化する場合もある。しかし、これらの孵化仔アユは、伊勢湾まで降下するのに要する時間がかかり過ぎるために、生きて海洋にたどり着くことはない。産卵場では、1尾の雌の産卵に対して複数の雄が射精する。このことはサケなどと同じで、生物学的には大きな意義がある。湖産放流アユの産卵時期は海産遡上アユよりも早いが、最近ではこのグループの産卵は非常に少なくなっている。

伊勢湾に流入する河川は、岐阜県内では木曽三川（木曽川・長良川・揖斐川）のみであることから、産卵・受精・孵化をするアユの産卵場は、同河川に限定されることになる。木曽川（図1-1）、長良川（図1-2）、揖斐川（図1-3）の産卵場は、共通して河口から40～50km上流である。

図 1-1　木曽川の産卵場

図 1-2　長良川のアユ産卵場（上）と最下流産卵場（下）

図 1-3　揖斐川（上）と根尾川（下）のアユ産卵場

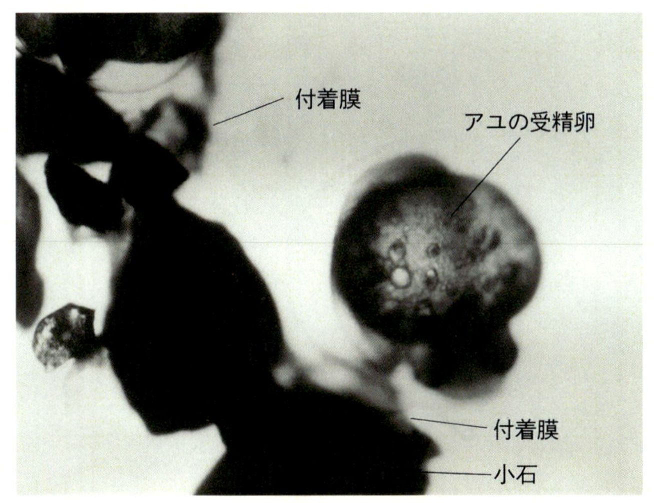

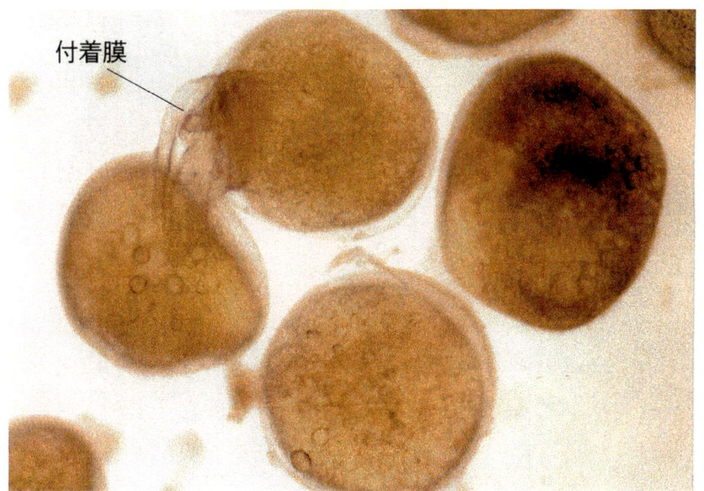

図２　アユの卵の付着

アユの卵径は約 1.0㎜で､1 尾の雌成魚は一度に数万個を数回産卵する。卵は付着卵で、川底の小石や砂利に付着する。小石や砂利に付着した卵は、付着物が流されるのに乗じて数㎞下流に移動して孵化することになる。図２の矢印は、アユ卵が小石に付着する時の膜を示している。孵化仔魚は、１週間ほどで海洋にたどり着くが、この期間の栄養は卵黄である。川の流れに乗って、この期間に海洋にたどり着けなかった仔魚は死亡する。

孵化は、夕方 18 時頃～ 20 時過ぎまでに行われる。アユ（他にも存在する）が繁殖のために河川に遡上する習性や孵化が夕刻であることなどは、主として外敵による圧力を回避することにあると言われている。

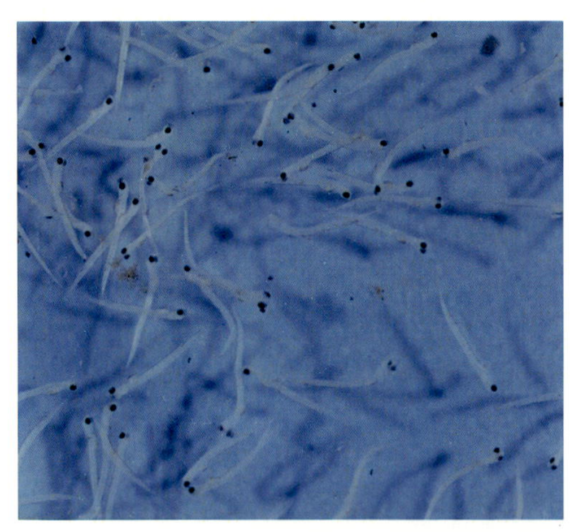

図３　アユの仔魚の降下

長良川（岐阜市）で孵化した仔魚は、その直後に川の流れに乗って降下を始める。川の流心部を降下する仔アユは、数日で伊勢湾に達する。しかし、長良川では、産卵場から２～３㎞下流の穂積大橋で、プランクトンネットにより採捕した降下仔アユの死亡率が90％であり、河口付近でも90％以上である調査結果を見ると、思案に暮れる。しかし、一方では、死亡仔魚の魚体は１週間以内に分解消失してしまうことを知ると、さらに思案が深まる。孵化直後の仔アユの体長は５～６㎜である。

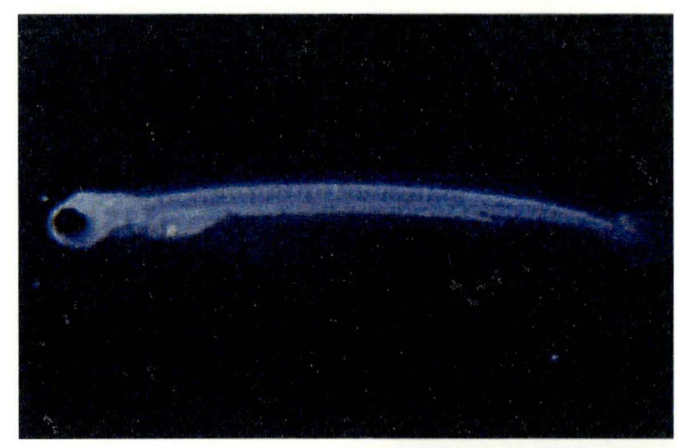

図４

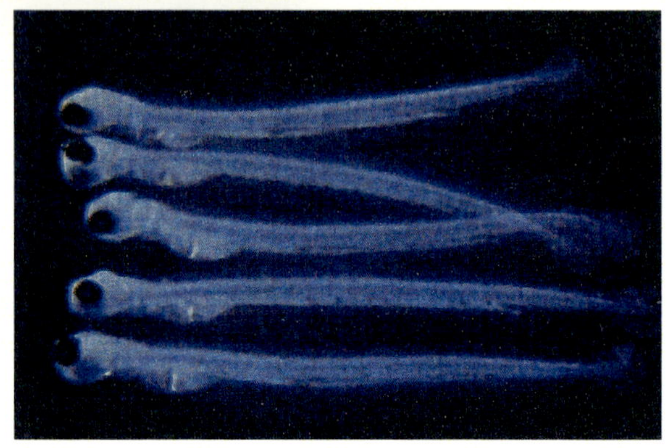

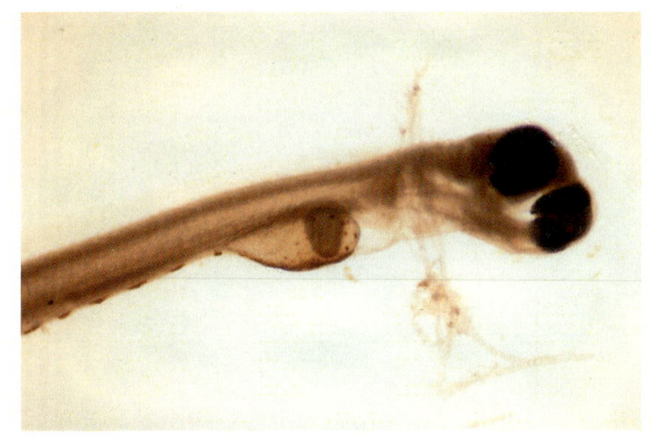
図５

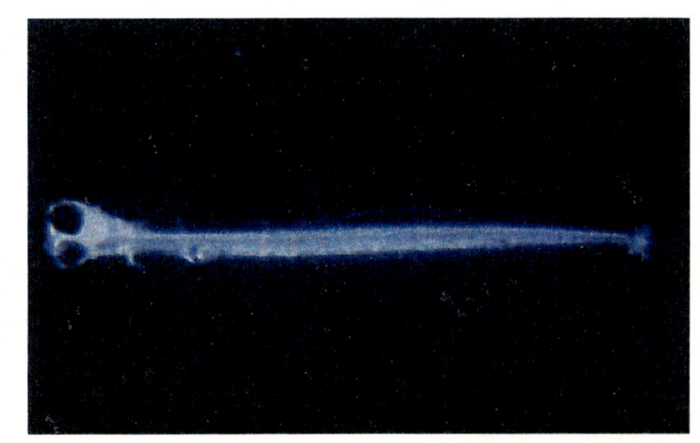
図６

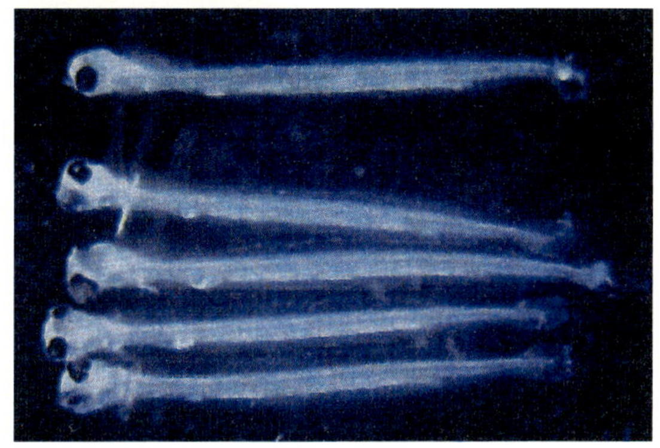

図４・５・６　降下仔アユの卵黄状態
　孵化直後の仔アユは､卵黄嚢に十分な卵黄を蓄えている。この状態を卵黄指数４という(図4･5)。しかし、河口堰の魚道を通過する仔魚の卵黄嚢には、卵黄の存在がほとんど認められない。卵黄指数１または０の状態（図６）で、孵化後１週間ほどが経過したものと判断される。

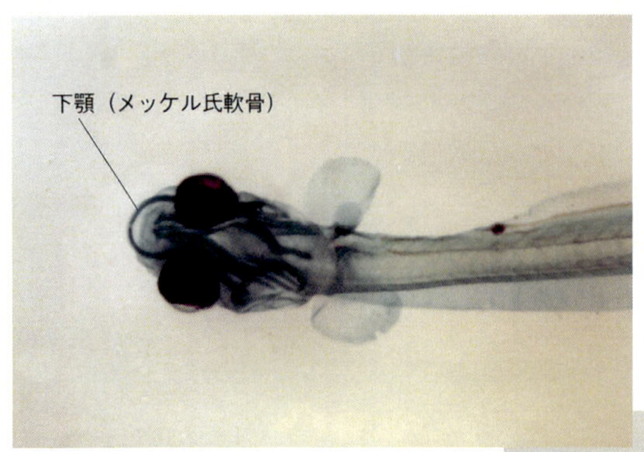

図7　孵化後1.0カ月稚魚の下顎（体長18㎜）

人工孵化養殖1.0カ月の稚魚では、軟骨染色（トルイジンブルー染色）により、口部下顎はメッケル氏軟骨によって構成され、下顎は左右から大きく湾曲して口先で相接する状態を呈することが知れる。骨化は未だ進行せず、歯の存在も確認されない。餌の小型プランクトンや他の有機物は丸のみにより摂取する。

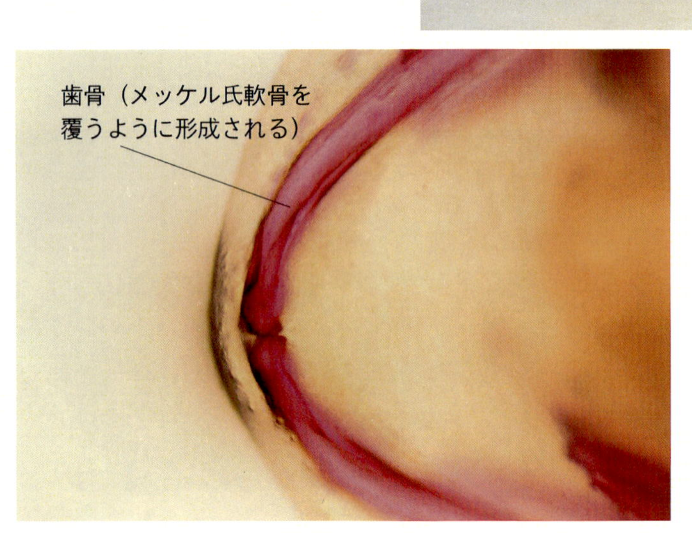

図8　孵化後2.0カ月稚魚の下顎（体長20㎜）

下顎は、メッケル氏軟骨から硬骨に置換される。しかし、歯の形成は未だ進行していない。餌は丸のみするが、この時期には口腔（空所）が形成され、餌は保持される。

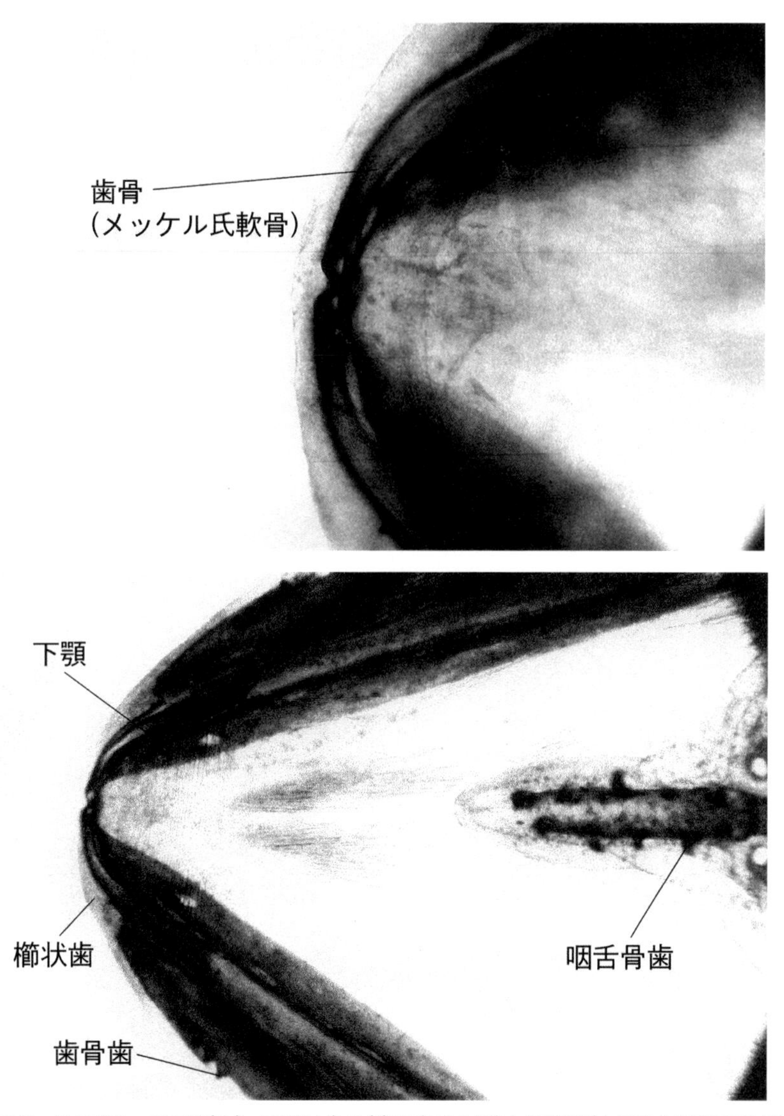

図９　体長 20㎜の下顎(上)。下顎は歯骨(歯を有する骨)と関節骨(上顎骨と関節する骨)により構成される。この歯骨は硬骨で形成されるが、左右に大きく湾曲する。歯胚は観察されるが、歯の萌出は見られない。

体長 25㎜の下顎（下)。下顎骨の吸収が進み、新しく下顎骨が形成され、直線的な形状になる。歯骨歯の萌出は明確になる。

体長 30㎜の歯骨歯の脱落と櫛状歯の形成（上)、歯骨歯が完備されている状態を示す。

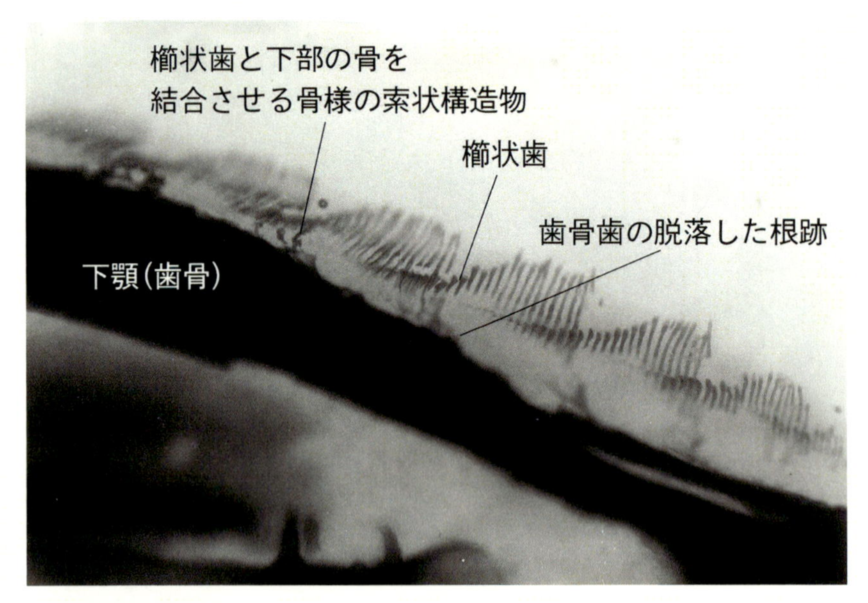

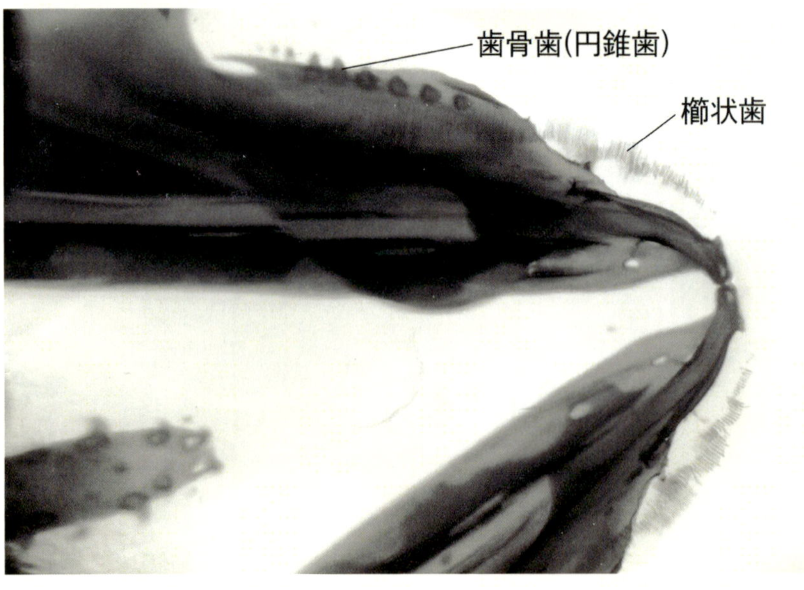

図10　体長25～35㎜の稚アユでは孵化後2～3カ月に相当し、この期間は稚魚型歯系、すなわち上顎では鋤骨歯、口蓋骨歯および門歯（骨に固定しない歯）、および下顎では、歯骨歯、咽舌骨歯の形成が進行しているのである。この歯が備わっている期間は1～2カ月間である。

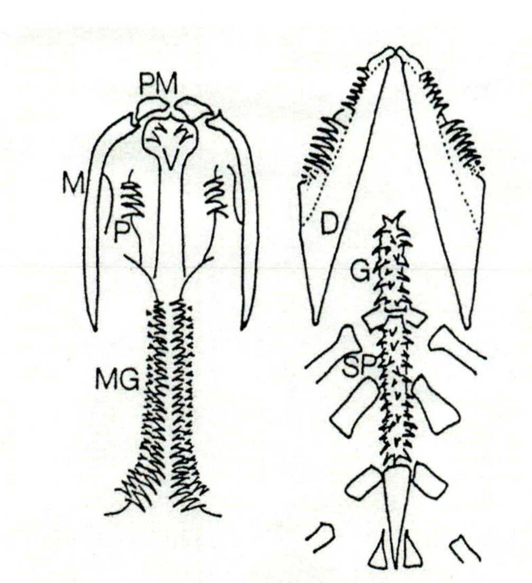

図. アユの稚魚型歯系、左：上顎、右：下顎（体長45㎜）
D：歯骨、G：咽舌骨、M：上顎骨、MG：中翼状骨、P：口蓋骨、PM：前上顎骨、SP：基鰓骨、V：鋤骨（駒田 1980）

図 11　稚アユ（体長 25 ～ 35㎜）の上顎および下顎に形成される有歯骨と円錐歯の分布

稚魚期に形成される稚魚型歯系は円錐歯で、口腔を上・下・左・右面から取り囲んで形成されている。口腔に摂取した動物性プランクトンを逃すことのないように配置している。これらの歯のうち、歯骨歯、鋤骨歯、口蓋骨歯は稚魚期に脱落する。

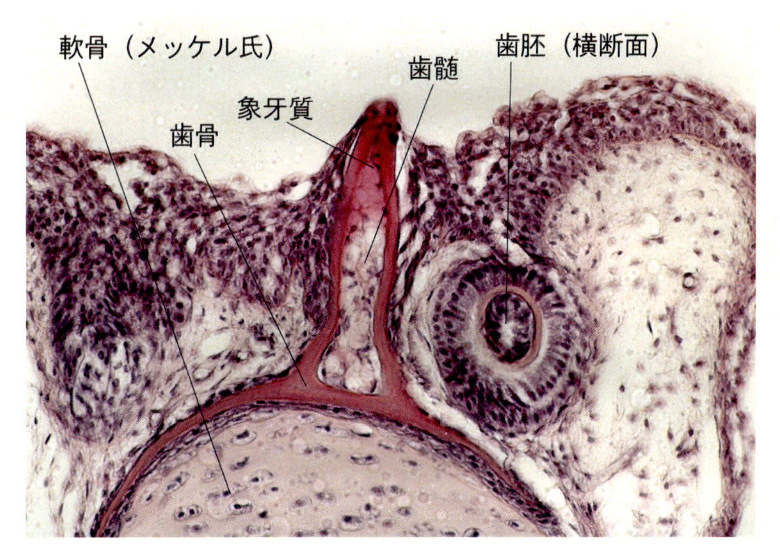

図 12　歯骨歯の組織図

脊椎動物共通の歯の構造要素である象牙質と歯髄が見られる。歯骨歯は歯骨と骨性結合をし、固定は強固である。

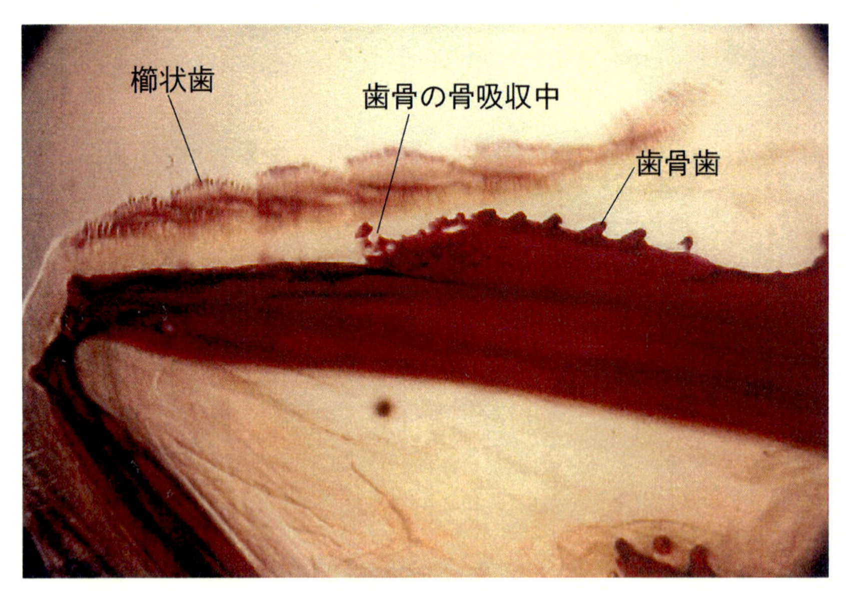

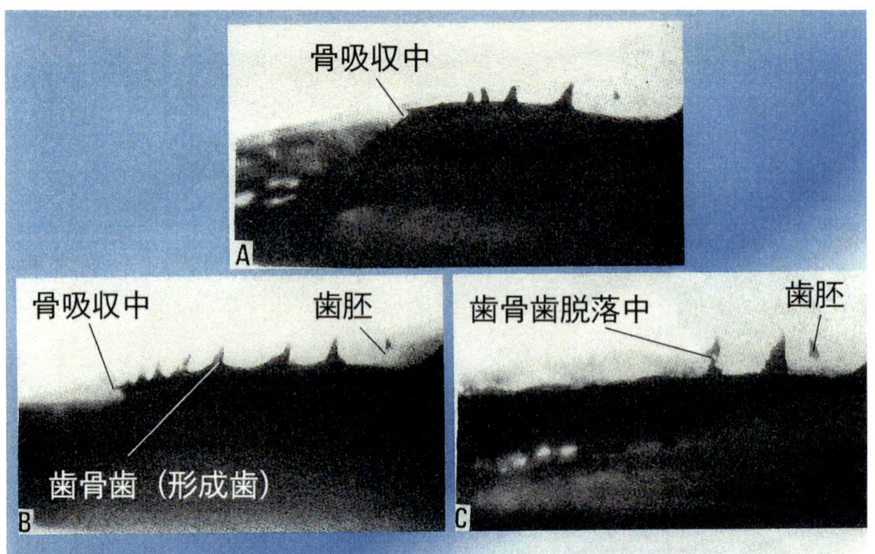

図 13　アユの歯骨歯の脱落するパターン（様式）
　歯骨の骨吸収に伴って歯も脱落する（上図、中図、下左図）。これらは破骨細胞の働きによるものである。歯が途中で折れて脱落する（下右図）。これは破歯細胞によって起こる。この歯骨歯の脱落は、遡上開始時の全ての個体で観察される現象である。

図 14　長良川河口堰の魚道を遡上する若アユの群れ

図15　長良川河口堰の魚道を４月に遡上するアユ（左）と５月下旬～６月に遡上するアユ（右）

図16　長良川河口堰を４月に遡上するアユの一網分全てのアユ

図17　長良川河口堰を５月下旬に遡上するアユの一網分全てのアユ

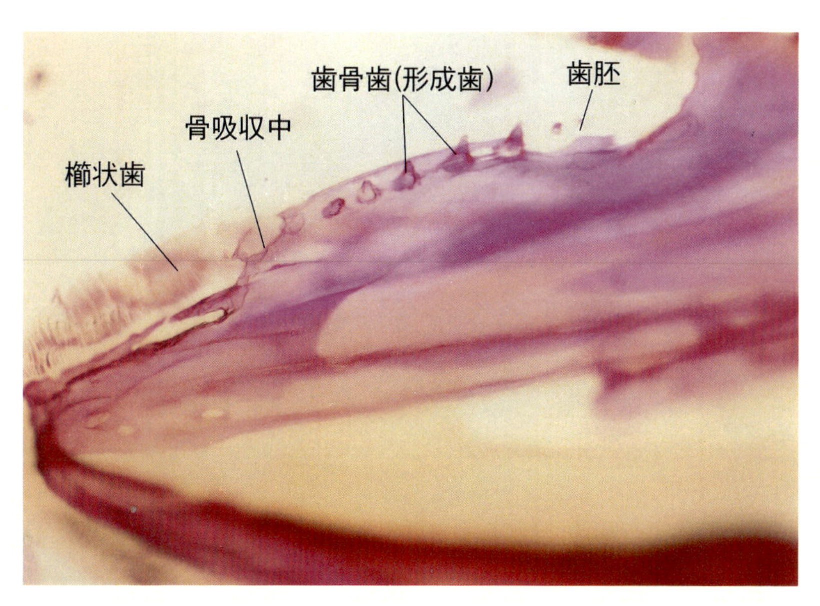

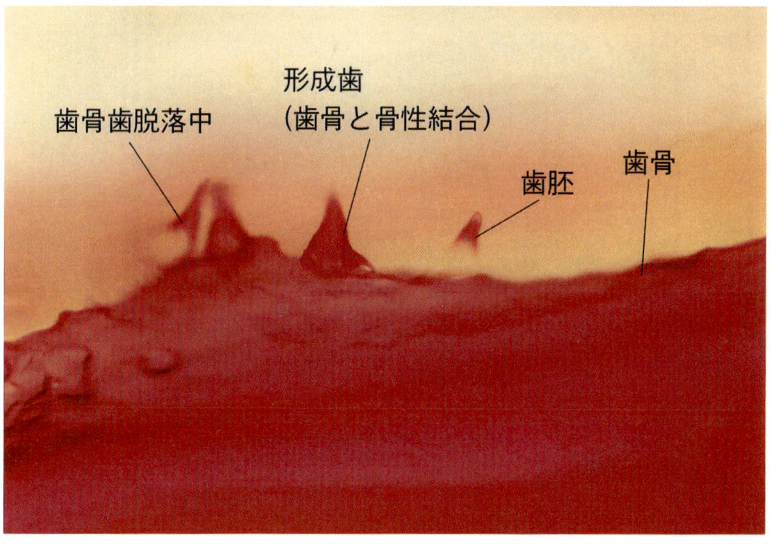

図 18　長良川河口を遡上するアユの下顎において、前部から後部に向かって進行する歯骨の骨吸収によって、植立している円錐歯の消失（脱落）が進行しているが、後方では歯胚の形成も進み、さらに櫛状歯の形成も進んでいる（上図)。円錐歯自体が破歯細胞（歯の吸収をする細胞は破歯細胞と呼ばれる）によって破壊（消失）する場合も見られる（下図)。

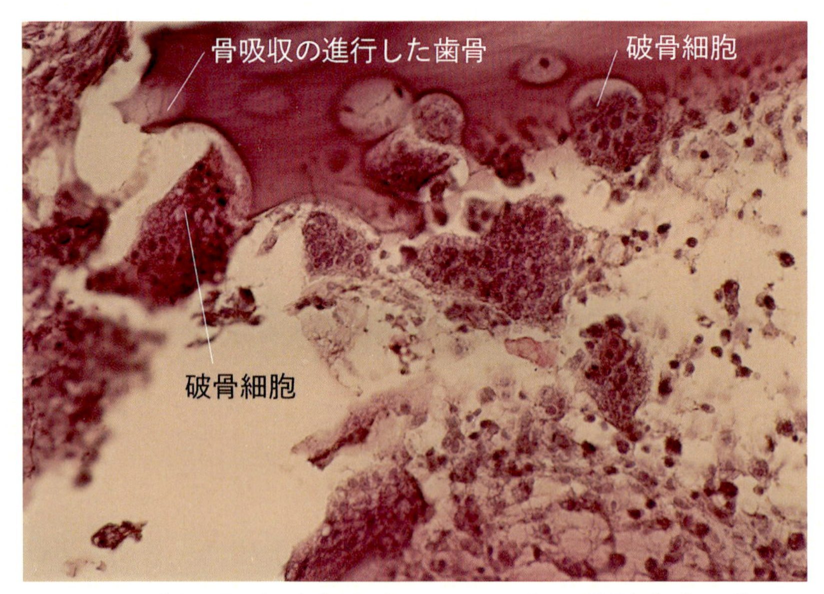

図 19　アユの歯骨の骨吸収は短期間で行われるために多くの破骨細胞がその働きをする。本図では約 10 個の破骨細胞が見られる。この場合は、骨吸収は歯骨の前部から後部へと進行する。

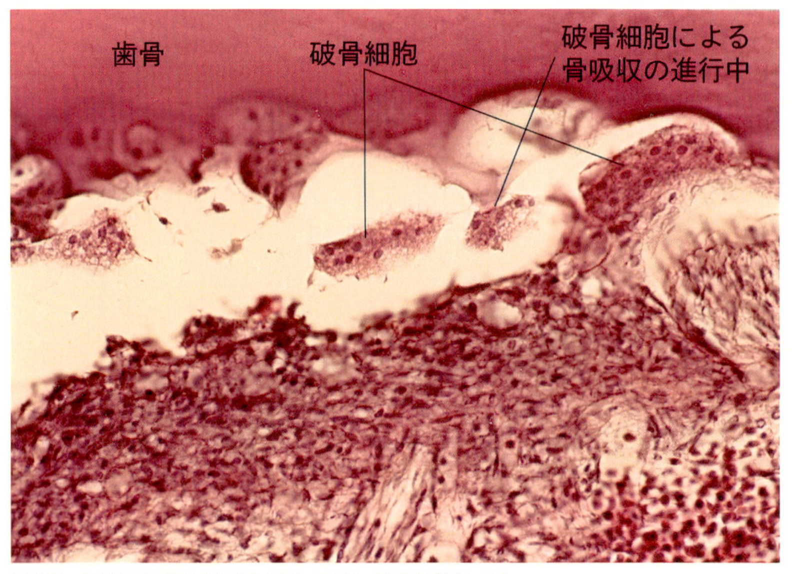

図 20　図 19 の場合と同様の図である（場面が異なる）。

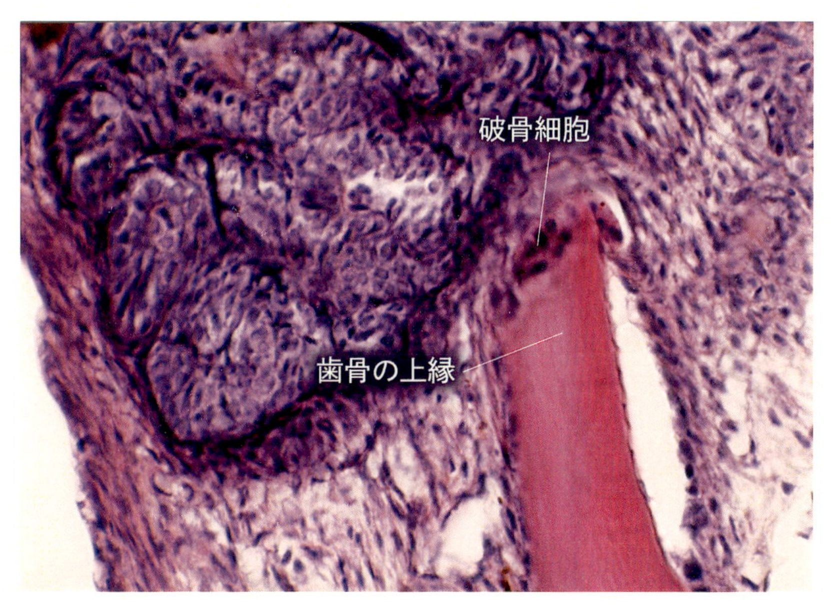

図 21　アユの歯骨の骨吸収が、歯骨の上縁から下方に向かっても破骨細胞によって進められる。

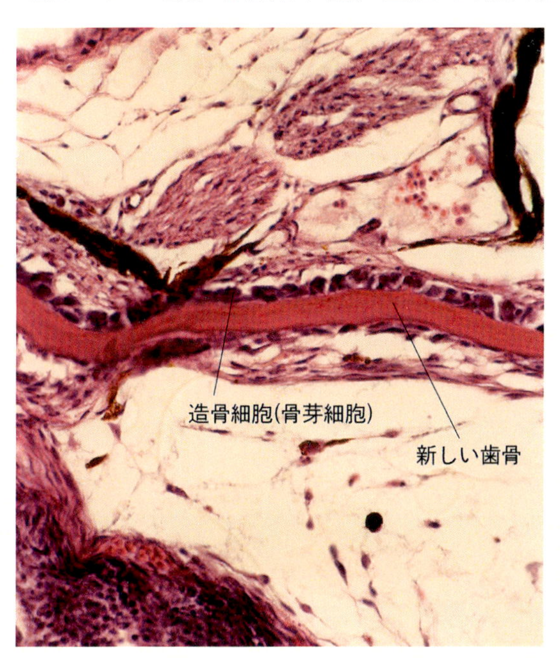

図 22　アユの遡上期には同時に、骨芽細胞（＝造骨細胞）によって遡上後の櫛状歯を機能させるために、強固で直線的な新しい歯骨の形成が進行している。その結果、稚魚期の前部で丸く湾曲した歯骨と円錐歯が消失して、成魚期の口部（直線的で強固な歯骨と櫛状歯）が完備される。

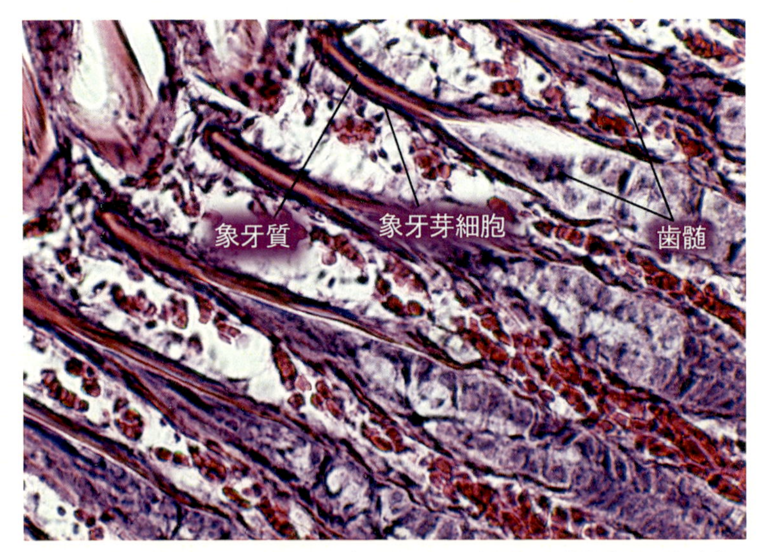

図 23　遡上期の若アユの上顎および下顎の上部外側面には櫛状歯の形成が進行する。これらは、上顎 14 〜 15 歯列、下顎 12 〜 13 歯列で、1 歯列 30 〜 40 本の板状歯（分離小歯）で構成される。この小歯の総数は最大で約 4,500 本である。

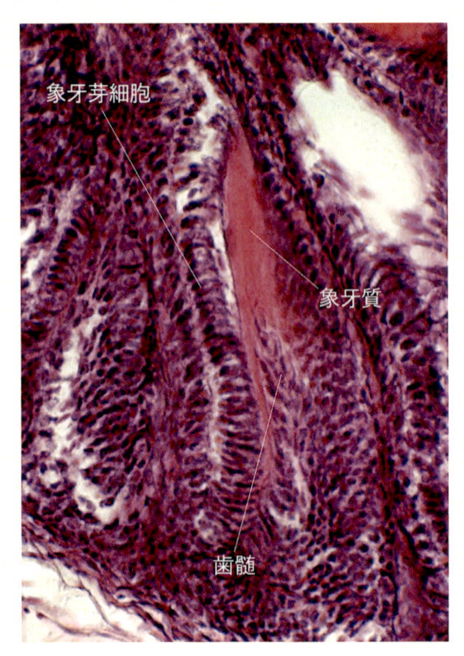

図 24　櫛状歯を構成する板状歯（分離小歯）の歯胚の拡大図
　分離小歯は互いに接近して形成されている。

図 25　板状歯（分離小歯）は細長い棒状を呈して互いに接近し、小歯間隔はその太さとほぼ同じ距離である。走査電子顕微鏡の写真から、この時期の小歯の先端は太くて湾曲し、単純ではなく複雑な構造をしていることを想像させる。なお、歯列の前部の小歯は、この頃には萌出している。

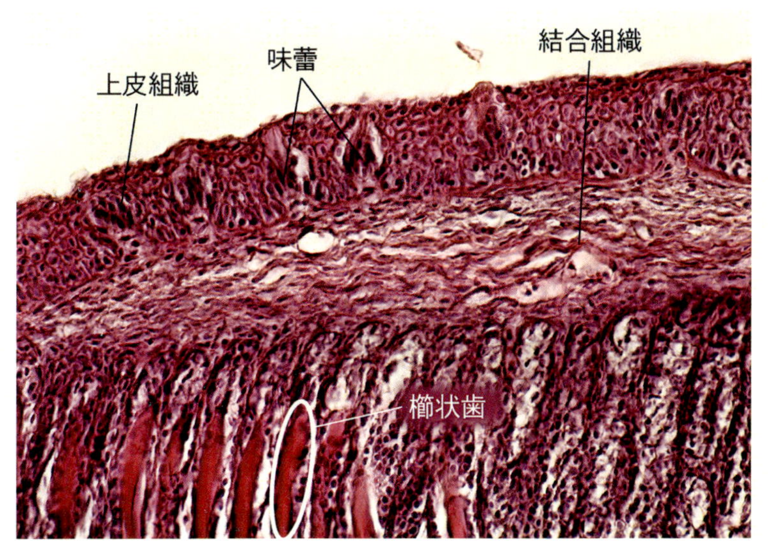

図 26　櫛状歯の付近の上皮組織には味蕾が多く存在し、口腔に入る物質の味を感じる機能を果たしている。

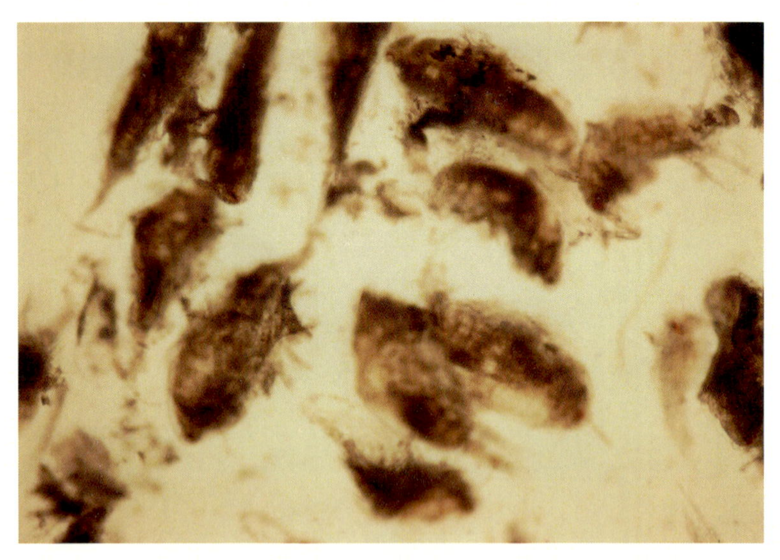

図 27　長良川河口堰の堰堤下流には動物プランクトンが高密度に発生し、そこを通過して遡上してくる稚アユの消化管内にはその存在が多く認められ、30 ～ 40㎞上流に達したアユの中には未だこれらの動物プランクトンの存在が観察される。

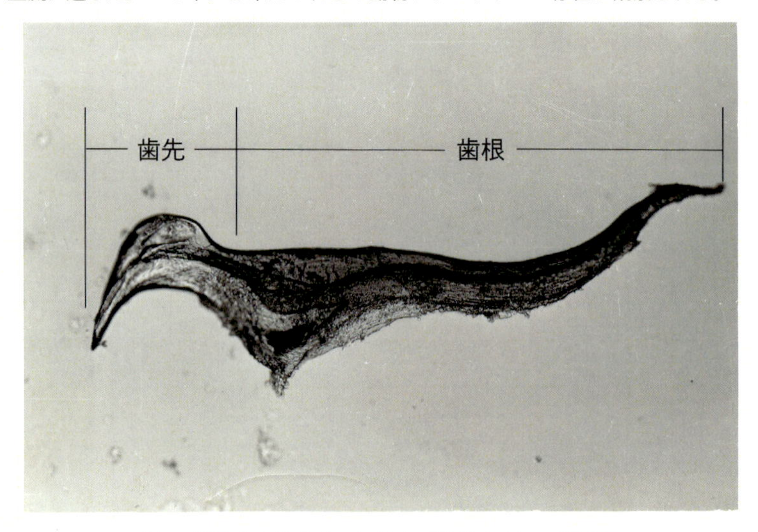

図 28　アユ成魚の櫛状歯を構成する板状歯（分離小歯）の側面図
　左側が歯先部、右側が歯根部である。図 25 において、遡上期の若魚の歯先部は複雑な構造を呈していると思わせた部分が、成魚の分離小歯の前部 4 分の 1 の部位に相当する。写真は側面の像である。

図 29・30　アユの藻の食み跡
アユは櫛状歯を用いて河床の着生藻類を削り取る。その時に、遊泳しながら上・下の櫛状歯を石の表面に擦り付けるが、その際に総歯列が長いほど、さらに体が大きいほど効率よく餌を摂取できることになる。夏季に川に入って、食み跡の密度や大きさ（長さと幅）を観察することによって、そこに生息するアユの大きさを知ることができる。

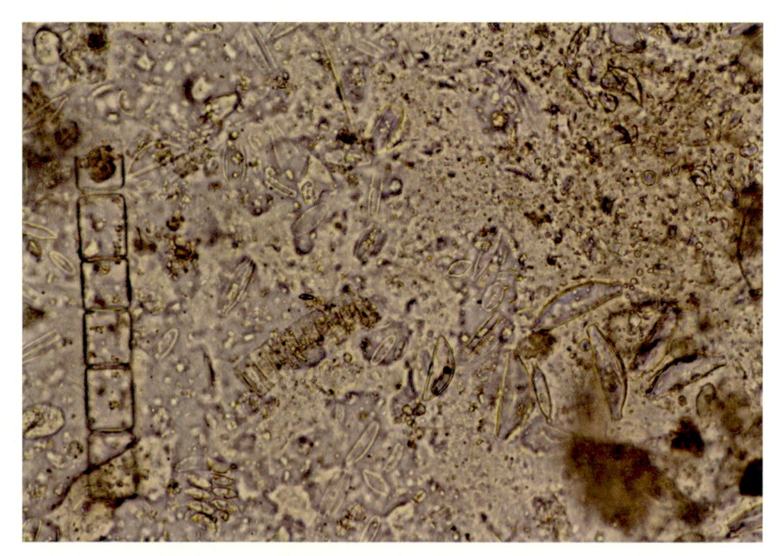

図 31　アユ成魚の消化管内容物の例 1
さまざまな藻類に加えて無機質（砂利など）が多く含まれていることから、流れの緩やかな平瀬で生活していたアユであると判断される。

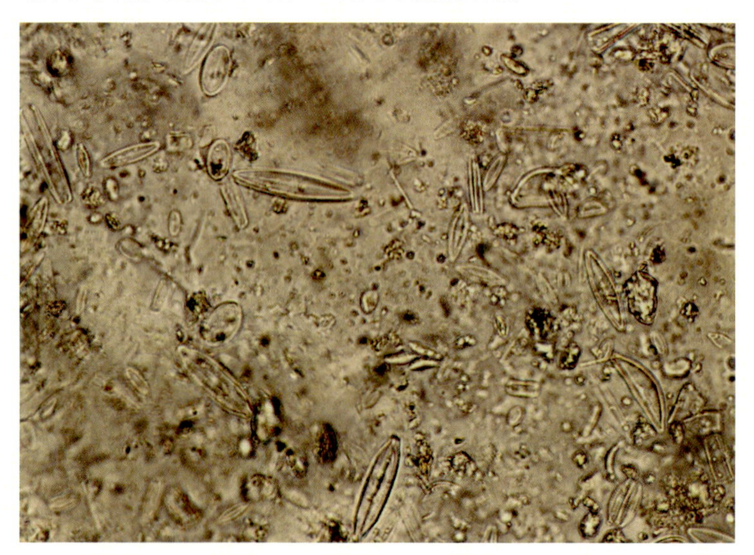

図 32　アユ成魚の消化管内容物の例 2
ケイ藻類が主体で、図 31 の場合よりも単純であることから、より流れの速い早瀬で生活していたアユであると判断される。

図 33　長良川上流域で採捕された、いわゆる郡上アユ雌成魚
　このアユの大半は、長良川上流域の早瀬で、川底の石の表面に土・砂の堆積の少ない、いわば良質の藻類が繁茂する所に生息しており、餌としてはケイ藻類が中心である。

図 34　長良川上流の郡上地方におけるアユの友釣り風景（平成前半）

図 35　長良川上流の郡上地方におけるアユの友釣り風景（現在）

図 36　真夏（8 月）になると、大きな河川ではヤナ漁が開始される。最盛期は、落ちアユを目的に行われ、出水があると予想もしなかったほど多くのアユが捕れる。最近は、以前に比較すると下る時期がやや遅くなっているとも聞く。写真は揖斐川のヤナ場風景である。

図 37　落ちアユが川の中・下流で見られるようになると。瀬張り漁が始まる。川幅いっぱいに縄を張って、産卵のために上流から下ってくるアユを驚かせて、一時、留め置いてから網で捕獲する漁である。元気なアユが入手できるため、これらのアユの一部は人工孵化用の親魚に利用されている。

図 38　揖斐川のアユ産卵場の中で、最も下流部に相当する場所の大垣市万石地区

図 39　揖斐川の大垣市万石地区の平瀬にて、数百尾のアユ親魚が一斉に頭部を上流方向に向けて遊泳している。しかし数分間、観察している限りではほとんど移動することはなかった。

図 40　長良川。穂積大橋の下流にて、6 月の 10 時頃、カワウの群れが瀬に着水しているのがほぼ連日見られる。その中には水中に潜るカワウも見られ、おそらくアユを狙っての行動であろうと思われる。ここは、アユの遡上ルートの中心的な場所である。

図41　図40と同じ場所にて、飛来中のカワウや中州で休憩中のカワウが多く見られ、餌場として利用されているものと思われる。この場所には岸辺や河床にアユが隠れる植物が茂っていることもなく、無事にこの場所を遡上していくことは、アユにとってかなり困難である。

2　ウナギ

(1) はじめに

世界中に広く分布し、年間を通じて最も日本人の食卓に登場し、人々に好まれる魚の代表的な一種である。私たちの身近な自然の中、例えば河川、沼、池など、至る所に生息する。幼少時代、村の祭りの一環として山中の農業用溜め池の干し上げ行事の時に、わずか川幅30cmほどの水路に、腕の太さほどで体長50cm超えのウナギを見て、いつ、どうしてこの池に来たのかと思案した経験がある。大昔から食用として利用され、古墳からウナギの骨が出土するとも聞くし､700年代の“風土記”に､既に有用水産物として紹介されている。現在では、土用の丑に限らず年間を通してほぼ季節感がなく、何時でも口にできる栄養たっぷりな食材として利用されている。

紀元前300年、ギリシャ時代にアリストテレスは「池の底からミミズが湧いて､そのミミズがウナギになる」と言ったとされている。それ以後、ウナギは山中の独立した池を干し上げて魚を根こそぎ捕り尽くしても、数年（5年ほど）経つとまた出現するなど、どこから来るのか分からない魚として長い間、人々を悩ませてきた。しかし、16世紀になると「ウナギも卵巣や精巣があって、他の魚と同じ方法で子供が発生するのではないか」と考えられるようになり、さまざまな方法で多くの人々の核心にせまる情報が収集されて現在に至っている。

1980年代の前半に、岐阜県・三重県の長良川や愛知県矢作川の河口近くの汽水域の水深30～50cmの淀みや泥の中、水草の陰でウナギの稚魚（シラスウナギ）を見た時には、大いに感動し、興味を持った。ウナギの一生の一部でも垣間見ることはできないだろうかと思った。それ以降、長良川や矢作川などの海に注ぐ河川でウナギ稚魚の姿を見る機会があり、ほんの少しだけ幼魚時代の生活史の一部を明らかにできたように思うので、そのことを中心に紹介したいと思う。

著者は、わずか50年間ほどであるが、河川に生息する魚類の生活の変化を調べて記録してきた。そのため、本書で14魚種を対象にして扱うが、その調査期間の生活の様子が中心になることを承知してほしい。

(2) 岐阜のウナギの現状

岐阜県内の河川でウナギ稚魚（シラスウナギ）が遡上するのは、伊勢湾に注いでいる木曽三川（木曽川、長良川、揖斐川）のみである。東濃地方を流れる土岐川も、河口は名古屋市の伊勢湾に流入する庄内川の上流であることから、ウナギの遡上があるのかも知れないが、このことについては後で述べる。

最近は、ウナギ稚魚の遡上量は著しく少なくなっている一方、それを補うための放流もそれに利用される種苗（シラスウナギ）が不漁であるために、計画通りの放流が困難になっている。さらに、ダムなどの人工構築物が建設されている場合には天然遡上は困難であるために、放流のみに頼らざるを得ないという現実がある。

毎年12月から翌年4月頃に、太平洋側の日本列島沿岸に黒潮に乗ってやってくるシラスウナギは、台湾東方の水深300～500 mの深海で産卵、孵化したウナギ稚魚である。その頃のシラスウナギは全長50～60㎜、体重0.2gで、皮膚に色素が沈着していないことからシラスと呼ばれている。

シラスウナギが木曽三川の河口に接近するピークは３月～５月頃で、そのうち一部分は三川に遡上していくが、大半は河口や愛知県、三重県沿岸で捕獲され、養鰻池にて一生を終えることになる。この数年間は、このシラスウナギの不漁が問題視され、その解決策は今のところ見つかっていない。そのために、我々の口に入る段階では以前の価格の２～３倍の高値になっており、一向に改善される気配がない。

ウナギは、河川に入って成魚に成長するのに５～10年かかると言われているので、シラスウナギの不漁が水産庁などで問題視されるようになってからすでに５年以上経過している。以前の様に夏季に限らず、年間を通じて食べたい時にスーパーなどで入手でき、食べることができる状態にいつ頃戻るかは見当もつかない。

一方、ウナギの生活史の中でどの時期のどういうことが原因で今の状況が発生しているのかは、今のところ十分に判明しているとは言い難い。

(3) ウナギの一生

① 産卵・受精・孵化

(この項はニホンウナギに関しては明らかになっていない内容も多く、私も実際には見た経験もない。そのため、さまざまな情報を可能な限り精査して整理してみた。その様に思って読んでください)

まず、ウナギの親魚（成魚）は10～11月頃、川の水温が下がり始めると河口に向かって川を下り始める。このウナギを下りウナギとも呼ぶ。時々、木曽三川の河口に近い橋の上で、釣り竿を持つ人の姿を見る。何を釣っているのか聞いたところ、ウナギであった。しかし、これらのウナギの腹部の卵巣や精巣が大きくなって、雌雄の判断が可能であるような話は耳にしない。ウナギの繁殖生態がなかなか明らかにならなかったのは、こういう事態も関係していたのかもしれない。

ニホンウナギの成魚は海に入った後、産卵場と言われている台湾東方の水深300～500 mの深海に達して、3～6月に1尾（雌）当たり700～1,500万個の卵を産する。これらの卵から孵化した仔魚はレプトセファルス（葉形仔魚）と呼ばれ、孵化後すぐに黒潮に乗って北上する。孵化から約1年かかって日本近海に達し、河川を上流に向かって遡上する。この時期には、ウナギ幼魚は未だ皮膚に色素を持たない、いわゆるシラスウナギの状態である。なお、産卵・孵化および孵化仔魚の発育状況については、北海道大学山本喜一郎博士によるウナギ人工孵化の成功により、孵化仔魚の体長が5.8㎜で、孵化後5日目には歯胚が形成されることなどが明らかにされている。孵化仔魚は、孵化してすぐに海流に乗って移動する生態を反映して、摂餌器官である歯の形成も著しく早いものと思われる。

② 葉形仔魚とシラスウナギ

ウナギの発生初期のレプトセファルス（葉形仔魚）は、橈脚類などの動物プランクトンを摂食して長い旅の1年後には日本列島に接近する。この頃には、葉形をしていた幼魚は変態し、細長くて体に色素を持たないシラスウナギとなる。この変態の時期には、歯は全て脱落して無歯状態であり、絶食状態になると言われている。しかし、無歯状態と「絶食である」ことは同じことではないので、この時期の幼生の消化管を見なければ確実なことは言えないと思っている。参考までに、全長48～50㎜の細いシラスウナギのうち歯胚率（全歯数に対する歯胚の占める割合）が80％以上の標本の消化管内容物を調べたところ、動物プランクトンが多数存在していることを確認した。このウナギ幼魚の変態が終わる頃には、再び口に歯が形成され始めると言われているが、私自身、このような状態のウナギのレプトセファルスはまだ見たことがない。しかし、体長の小さいハリウナギとも呼ばれるシラスウナギの中に、顎骨上に生えている歯の大半が未だ歯胚であるという状態で、機能歯（完成歯）の少ない個体に何度か出合って観察できたことはある。この状態は、葉形仔魚からシラスウナギへの移行期に相当すると考えている。

③ 長良川および矢作川（愛知県）の河口付近に接近したシラスウナギ

1980年代の前半に河川の河口付近の魚類調査を行う機会があって、多くのウナギ稚魚（シラスウナギ）に出合うことがあった。まず、最初の出合いは愛知県の矢作川河口域であった。それから2～3年遅れて長良川河口域でも同様の経験をした。

矢作川河口域の河床は砂が多く、所々に川底が砂泥で構成された水溜りがあり、その中をタモ網で探ると、1回のタモ網で2～3尾のシラスウナギが採捕された。3～6月にかけての数回の採捕の経験から、この期間内では時間が経過しても体長に変化が見られないことに気付いた。そこで、1982（昭和57）年3月25日に採捕したシラスウナギと同年5月10日にそれぞれ同じ場所で採捕したものとの間で比較することにした。

表 1.　1982 年 3 月 25 日と 5 月 10 日採捕のシラスウナギの標準体長の比較

	$\frac{1982.5.10}{1982.3.25}$ の比率（倍）
標準体長	1.05
歯骨歯数	1.76
上顎骨歯数	1.86
鋤骨歯数	2.10

表 2.　1982 年 3 月 25 日と 5 月 10 日採捕のシラスウナギ歯胚率
（$\frac{歯胚数}{機能歯数+歯胚数}$ × 100）比較

	1982.3.25	1982.5.10
歯骨歯	76.0 %	37.0 %
上顎骨歯	96.0 %	38.0 %
鋤骨歯	98.0 %	38.0 %

まず、標準体長を 1982 年 5 月 10 日と同年 3 月 25 日に採捕されたシラスウナギで比べたところ、後者は前者の 1.05 倍であったのに対して、歯骨歯数、上顎骨歯数および鋤骨歯数は、それぞれ 1.76 倍、1.86 倍および 2.10 倍であった。すなわち、口部の歯の数の増加率は体長の増加率よりも大きく、摂餌器官の形成速度が体長のそれより速いことが分かった。さらに、歯胚率（全歯数＝歯胚数＋機能歯数に対する歯胚数の割合）（%）は、1982 年 3 月 25 日のシラスウナギの方が同年 5 月 10 日の 2 倍以上であった。これらの結果は、体長がほぼ同じ（後者／前者＝ 1.05）であるにも関わらず、シラスウナギの口部、歯系は日本列島に接岸する時期が早いグループ（3 月 25 日）よりも、遅いグループ（5 月 10 日）の方がより発育段階が進んでいることを示している。言い換えれば、変態期（シラスウ

ナギ期）の遅い時期のシラスウナギでは、体長は早い時期のシラスウナギとほぼ同じであるにも関わらず､機能歯の占める割合が高く、河川へ遡上してからの摂餌活動が広範囲（より多くの種類やより大きな個体)に拡大することへの準備が進んでいるものと推測された。

④ 河口域から上流域への遡上活動

長良川や矢作川の河口付近でのシラスウナギの泳ぎ方（ゆらゆらと漂う様）や体形などから見て、上流への遡上活動は潮の干潮時にも関わらず活発に行われる様相を呈している状況ではなかった。ウナギ幼魚がどのような経過を経て上流域に達するのかを知るために、長良川の河口から岐阜県瑞穂市（穂積大橋）までの約 40㎞の区間に調査地点を設定してウナギ幼魚の採捕を行い、その成長程度を比較してみた。

なお、なぜ上限を穂積大橋地点に設定したかの理由は、それまでの調査の結果から、長良川における干満の影響が及ぶ最上流地点だと判断していたからである（図）。この地点では一日のうちの干潮時と満潮時では水深に 40 ～ 50㎝の差異が見られ、それより上流ではこの干満の潮位の差は消失する。3 ～ 4 月頃、長良川の河口から 5 ～ 10㎞上流では干満の差が著しく、特に左岸では干潮時になると水の流れが速くなり、シラスウナギは遡上をやめて石や草の根元の砂中に留まり、タモ網で探ると一度に 2 ～ 3 尾が採捕された。

1980 ～ 1990 年代の 3 ～ 4 月頃には、河口から約 5㎞上流にある千本松原（岐阜県海津市）の揖斐川左岸の水面を懐中電灯で照らすとゆらゆらとシラスウナギが泳いでいるのが観察された。特に満潮時には、それ以外の時に比べるとより多く見られ、干潮時ではその量は著しく少なかった。しかし、このような状況は 1990 年代の後半には少なくなり、2000年代に入ると滅多に見られなくなった。この頃に前後して、当時の長良川下流漁業協同組合でシラスウナギが漁業対象魚種に指定された。この時、組合員としてのシラスウナギの採捕の許可をお願いしたところ、「研究目的での採捕だから、大した量ではないから今まで通りにして良いですよ」との返答をいただいた。組合の御配慮に頭が下がった。

このゆらゆらと泳ぐシラスウナギが、そのままの発育段階で40km上流の岐阜市近辺まで達するとは信じられなかったため、途中に調査地点を設定して、シラスウナギが、潮が引いて流れの速い時には何処にいるのかを調べた。その結果、シラスウナギの生息場所は川岸の水の中に草が茂っていて土砂が少し盛り上がっているコンクリート護岸堤防の陰であった。そのコンクリートには高さ5～10cm、幅40～50cmの突出物が流れに向かって斜めの傾斜面に垂直に構築されていた。注意深く接近して、その構築物の直下流をタモ網で探ってみた。いた。シラスウナギが捕れたのである。この場所は流速がなく、砂泥が溜まっている場所で、シラスウナギはその中にいたのである。上手に流れを避けて満潮になるのを待っているのだと直感した。そう思って同じような所を探ってみたところ、かなりの量のシラスウナギが確認された。おそらく、想像した通りの遡上活動であったのだと感じた。このように川の流れを避ける方法（水草、石などの陰に隠れる）をいろいろと見つけて、上がっては止まり、また上がるという活動を繰り返して上流に向かうのであろう。

前述したように、河口から40km上流地点（岐阜県大垣市墨俣町）では、1994（平成6）年および1995年におけるシラスウナギの採捕量はそれまでに比べて増加し、それ以降は急激に減少し、2000年代に入るとほとんど確認ができない程度まで減少し、今では全く採捕確認はできない状況である。この点について、その理由は次の２点が考えられる。第一に、1990年代半ばに、長良川下流域流心部のマウンドと称する潮止めの役割をしていた構造物が浚渫（撤去）されたことなどの影響により、それ以前よりも満潮時の水位が墨俣地区では高くなったこと、すなわち満潮時の上げ潮の流れが強くなったことを受けてシラスウナギの遡上が活性化された。しかしその後、河口堰の建設運用により満潮が近づく時の上流へ向かう水の流れが弱められたために遊泳力の弱いシラスウナギの遡上が不活発になったと考えられる。第二に、長良川において2000（平成12）年以降のシラスウナギの遡上が不活発になったのは、日本列島近海・長良川河口付近にシラスウナギが来なくなったことに直接的に関係して減少したと考えられる。この考えが最も自然で納得できる話である。なぜなら、これを支持する強力な情報があった。この現象は何も長良川に限ったことはなく、全国的にシラスウナギが捕れなくなった、いわゆるシラスウナギ不漁の情報である。この状況は現在の2024（令和６）年でも私たちの生活に直接的に影響を及ぼしている。

1980（昭和55）～2000年の期間の長良川におけるシラスウナギの遡上活動を概略すると次のようである。まず、シラスウナギの状態で伊勢湾内に達し、河口付近に近づいた時に満潮を利用して上流へ遡上を開始し、順次成長し体長が50～55㎜から90～100㎜に成長する頃に河口から約40㎞上流（瑞穂市）に達する。この期間中に、シラスウナギは体表に色素が沈着してクロッコと呼ばれる状態になる。シラスウナギは遡上する途中に、床固め（高さ30～50㎝）が存在すると上流への遡上活動は阻止されて、その直下流に留まり、この床固めを越えることができない場面を愛知県の矢作川や庄内川における現地調査で経験した。また、長良川では、最下流に位置する平瀬を越えるシラスウナギの遡上活動は滅多に確認されなかった。ウナギの遡上活動は極めてデリケートであると思った経験がある。しかし、留まっている間に成長して、遊泳力を身に付けて上流へと向かうものと思われる。

初夏が近づくと、河口から約40km上流には、体長10cm以上に成長したウナギが見られるようになる。遊泳能力が高くなり、移動範囲も広くなる。この頃には、大型の水生昆虫や甲殻類を好食するようになる。口部に形成される円錐歯は顎骨と蝶番結合で、口腔に入れた餌物を逃すことはないように構造されている。

東海地方の養鰻池で養殖されているニホンウナギは、その種苗は伊勢湾や三河湾および河川の河口部で採捕されたシラスウナギが主体である。放流ウナギは、養鰻池においてそれらのシラスウナギを成長させたものである。

⑤ 河川や湖に生息する成魚

岐阜県内の河川には川の大小を問わず、海から遡上したウナギ、または放流されたウナギのいずれか、あるいは両方が生息している。大半はニホンウナギである。時としてヨーロッパウナギが混在している場合もあると聞いたことがあるが、その実態は分からない。

1990年代に木曽川・犬山頭首工付近で、はえ縄漁による底生魚の生息確認調査を行った経験がある。その時、最も多く捕れたのがウナギで、次いでナマズ、ギギの順であった。ウナギの中には体長50cm、生重量250gという成魚もいた。

ちょうどその頃に、旧郡上郡美並村教育委員会の依頼で「天然記念物粥川のウナギ」の生息調査を行ったことがある。粥川のウナギは古くから神の使者として言い伝えられ、地元住民によって手厚く保護を受けてきたという歴史がある。地元の人々の協力を得て、全川を潜水しながら観察を行い、野帳に記録していった。調査の開始当時から「この河川にはどの程度の生息量があるのか」という疑問に回答を得ようとして思案を重ねたところ、ウナギのように水中を自由に移動する、いわゆる開放的な水域での調査は極めて困難であることを十分に自覚した上で、調査地点を決めて、ウエを数個ずつ仕掛け、3夜連続の捕獲調査を実施した。この場合、毎夜、採捕されたウナギは、大きなタライに逃亡しないように隔離して、ウエを同じ場所にいれた。結果は予想していた通り、3夜間調査で、第一日目、二日目、三日目の採捕における尾数に差異が見られなかったのである。当然と言えば当然のことであった。しかし天然記念物ということからも、地元の関心は高く、「昔のように」と期待する声を聞いたが、近年の河川環境の変化などを考慮した場合、明るい見通しは立てにくいと思った記憶がある。粥川に多くのウナギが生息していた当時のことを考えると、そのような状況が出現するにはさまざまな条件が揃っていたように思う。⑴「ウナギの遡上が活発であったこと」、⑵「餌生物が河川の外から供給されていたこと」、⑶「住民の日常生活の習慣（風習）などにウナギを大事にする（保護する）気持ちがあったこと」が必須条件のように考えられた。このうち（1）は現在のウナギ幼魚の日本近海への接近の状況を考慮すると、年変動も大きく、河川による差異も生じていることが認められることからもその可能性は高かったとも思われる。(3) については、既に述べたように多方面で詳しく紹介されてもいる。さらに(2) は、通常の河川の餌生物の環境ではなく、外部から給与されるものとして、当時は養蚕業が著しく活発であったためにカイコの繭の処理の過程で大量の動物性の餌生物が河川に流されて、至る所に餌場が形成されていたと言われている。カイコの幼虫は栄養価が高く、ヒトの食生活においても年に何度かの御馳走の一つとして食べる習慣があったとも聞いたことがある。

最後に、生息環境に関して過去と直接比較する資料はないが、生息に適していると判断される場所の数が少ないことが想像される。全川を潜水しての記録から、ウナギが潜んでいる可能性がある、すなわち砂利や小石で埋まっていない浮き石や、岸の横穴さらに木々の陰などが思っていたよりも少ないことなどが関係しているように感じられた。しかし、これは現在の河川の一般的な状況である。

粥川のウナギの生息調査を行っている時に、地元の人々の話の中で、「ウナギの一夜の移動距離はどの程度か」が話題になったことがある。一般的な知識として、川を下る時には、「50kmとかそれ以上だとか……」であった。そうだとすれば、岐阜県・粥川のウナギは一晩で伊勢湾に達することになる。海にたどり着いた後は外洋に出て、成熟した親魚は産卵場へ向かうのであろう。

初夏を迎える頃に、長良川下流の伊勢大橋（三重県桑名市）を渡っていると、数人のグループが点々と釣り竿を持って夜釣りをしている。気になって「何を釣っていますか」と聞いたところ「ウナギだよ」の答えであった。この光景は今でも見られる。通常、ウナギの大半はシラスウナギ（クロッコ）の時期に河川に遡上するが、当然、そうではないウナギの群れも存在すると考えるのが普通だと思っていたので関心を持った。これに関する情報に注意していた時に、川と海の間を行ったり来たりしているグループや、遡上しないで海にて生活をするグループがあることを知った。30年ほど前に敦賀湾（福井県）にて海釣りをしていた時に、廃船の壁にて藻類を食んでいるアユを見て、「一生、海にいるアユもいるのだと思った」ことを思い出した。その場所は、水深 1.5 ～ 2.0 m で周辺には流入する河川はなく、極めて塩分の濃い場所であった。そのアユの群れは 50 ～ 100 尾であった。海で生活するアユでは、周辺の海水の影響で表皮が厚くなっていると聞いたことがあるが、ウナギでも同様のことが現れているのであろうか……。

最近は、河川におけるウナギ成魚の生息量は著しく減少している。長良川などの自然河川を遡上してくるウナギの減少が問題になり始めてから 5 ～ 10 年経過するが、ウナギが成魚になるのに要する期間がちょうどそのくらいであると考えると、近い将来に成魚の生息密度が高くなるという方向はあまり考えられない。ただ、シラスウナギの減少は、ウナギ自身の生活史において生じる現象と見るよりも、日本のみならず周辺国も含めての幼魚の捕り過ぎであるとの指摘も聞かれる。解決しなければならない問題が他にもありそうである。

何年か前に、岐阜県山県市（旧伊自良村）の生物調査に、多くの調査員と各生物の分野別に行ったことがある。その当時、田畑の広がる田園地帯の湿地帯で巨大ウナギが捕れたという情報が耳に入った。早速、現地に出向いた。広く開けた田園に小川がチョロチョロと流れているだけの場所であった。「どうして、あんなに大きなウナギが……」との会話を聞いて、山中にある溜め池に大きなウナギが棲みついていて、その池には流入する川が見つからずに悩んだ子供時代を思い出した。そして何年か経過してから、ウナギは川がなくても道が湿っていれば移動すると聞いた。さらに、その数年後に、ウナギは（酸素）呼吸の大半を皮膚呼吸で賄うことができると聞いて、おおよその道筋が分かった気がした。この話は、流入・流出の河川がない池にもウナギが生息しているというのは正確な情報であることに基づいている。ただ、昔のように小川が流れ、浅い溜め池があるというような光景は、土地開発が進行して今は見られない。

⑥ ウナギを刺し身で食べない理由

ウナギは通常、蒲焼きにして食べることが多く、刺し身で食べることは耳にしたことがない。昔、親から「ウナギは生では食べないように……」と注意されたような記憶がある。なぜか。しばらくの間、気にも留めていなかったが、成人になってから時々思い出して、今ではその理由が分かってきたように思う。ウナギが幼魚（稚魚）の時代は、遊泳速度は0.5×全長/秒であり、その頃には遊泳に際しては身体の後半部に存在する赤筋を利用するが、河川を遡上して以後は遊泳の時、すなわち速度が1.0×全長/秒の場合には、体全体の赤筋と体の後半部の白筋の両方を使うと言われている。特に秋季以後、南の海洋へ産卵に向かう親ウナギでは、体の赤筋の量が増加（体重に占める割合8.6%→14.4%）し、さらにその筋線維も太さを増し、この傾向は尾部で顕著である。ウナギの筋肉はコラーゲンの占める割合が高く、通常はとても歯に乗らないほどに硬い。しかし、加熱することでコラーゲン組織は破壊してしまうので肉は柔らかくなるのである。このようにして、日本人が好むウナギの歯応えや味が出現するのである。一方、ウナギの粘液には毒が含まれており、その毒の程度は、マウスの実験において半数致死量が31μg/kgであり、血清毒では0.30～0.74mℓ/kgであると言われている。その結果、ヒトでもこの粘液を口に入れると、灼熱や炎症を起こすとされている。加熱されることにより、この症状は出現しなくなるのである。注意したいものである。

⑦ ウナギの関西の腹開き、関東の背開き

魚を料理する時の包丁の入れ方は、魚種によったり、地域によったりで少々異なることがある。よく話題になるのはウナギの場合で、関東は腹開きを嫌い、関西では苦にしないと言われる。その理由として、前者は武家社会の影響もあって、腹開きは「切腹」に通じ、後者は商人社会と言われて、切腹のイメージを気にしないと言われるのも何となく分かったような気がしている。この話を聞いていると、私たちの生活における習慣は、長い年月をかけて定着し、文化として根付くものであることを痛感する。いずれにしても、現在でもウナギは食卓にのる魚のうち人気の高い代表的存在である。30年ほど前に、岐阜市の市場にてウナギを入手しようと思った時、店先に並んでいるウナギは90％以上が養殖であると聞いた。今、日本全体で料理に使用されるウナギのうち、天然河川産のものは数％であると言われており、あまり変動はないようである。今、養殖業界ではウナギの完全養殖が目的の一つであると言われている。代々養殖魚で累代飼育され、自然界を知らないウナギの誕生する日が近いとの話である。ウナギの愛好家の間での評価はさまざまであろう。

写真から見たウナギの一生（写真と解説）

長良川・木曽川・揖斐川河口に接近したシラスウナギは満潮時にゆらゆらとした泳ぎで少しずつ遡上し（図42）、魚道の底部の凸凹を利用したり（図43）、干潮時には底部の泥の中や植物の根元で次の満潮時を待って（図44）徐々に遡上する。

図 42　木曽三川（木曽川・長良川・揖斐川）の河口域を 3 ～ 5 月頃、特に満潮時にシラスウナギがゆらゆらと遊泳している。

図 43　長良川河口堰の右岸（せせらぎ魚道入り口）をシラスウナギが遡上する。

図44　干潮時には岸(ワンド)の泥中や物陰にじっとして潮が満ちてくるのを待っている。

図45　コンクリート護岸の流れの方向への突出物の陰で干潮時を過ごす。

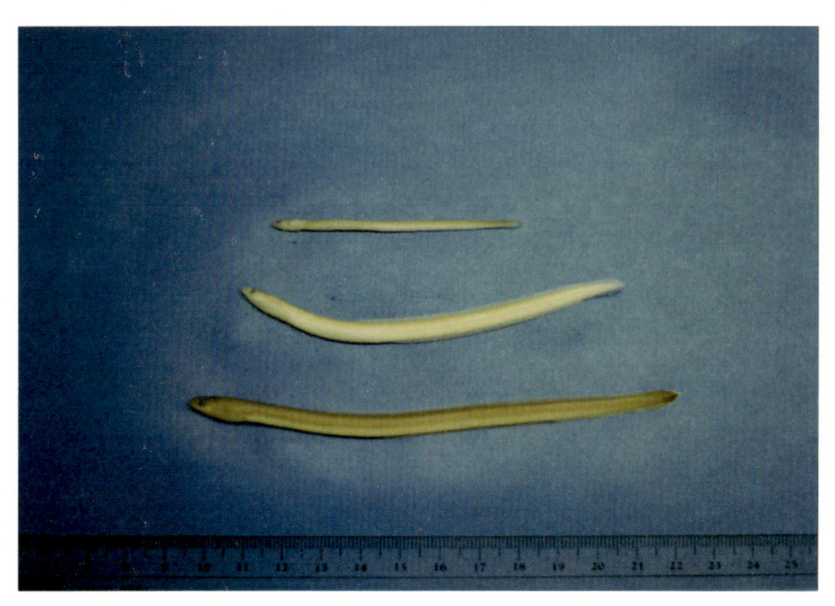

図46　河口付近のシラスウナギ（上)、河口から20㎞のハリウナギ（中）この時は、やや体色が黒味を帯び、さらに岐阜市付近まで遡上してきた幼魚（下）では、クロッコと呼ばれる体色に変化して体長も7～10㎝に成長している。

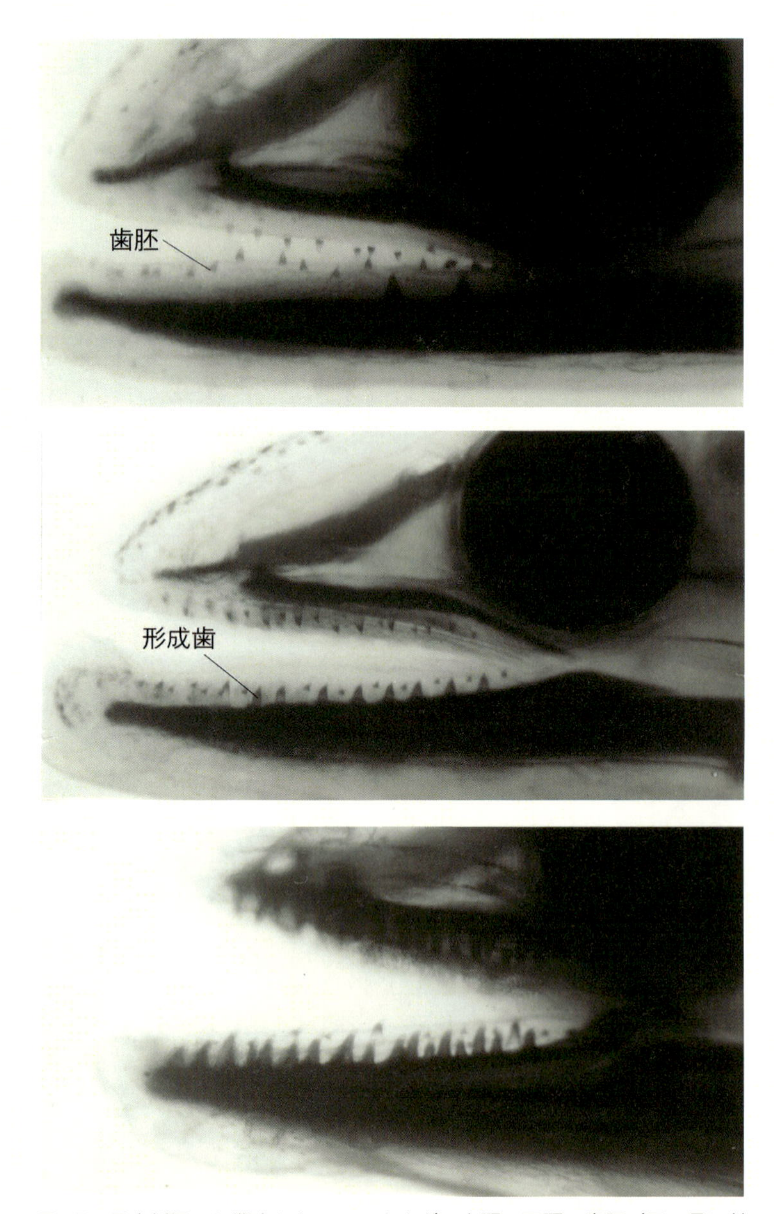

図 47　長良川河口に遡上したシラスウナギの上顎・下顎の歯胚（下の骨に付着しない歯）と形成歯（下の骨と骨性結合をしている歯）。上図→中図→下図の順に形成歯の割合が高くなって顎歯が機能する状態に成長する。

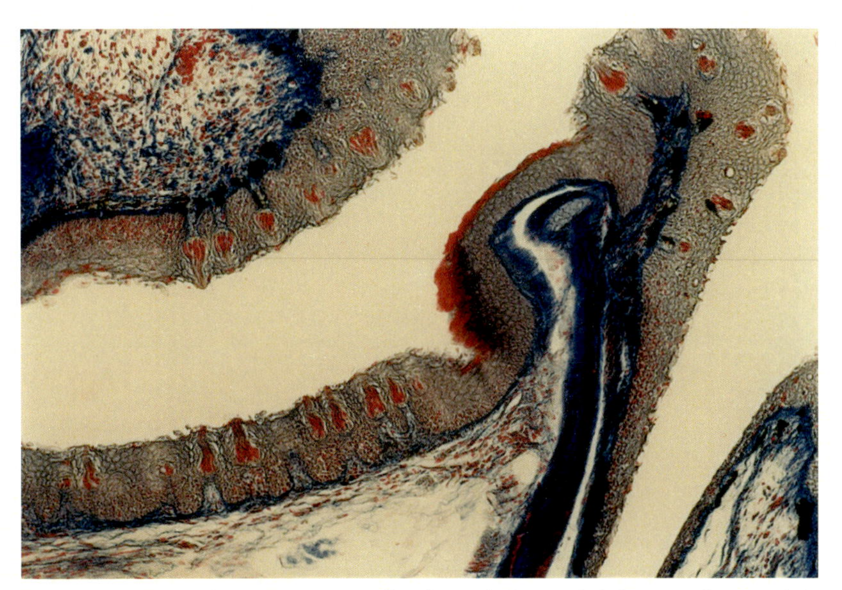

図 48　シラスウナギの口の入り口の皮膚の表層は角化して（剥がれている)、その表皮中に味蕾が高密度に分布している（赤色)。

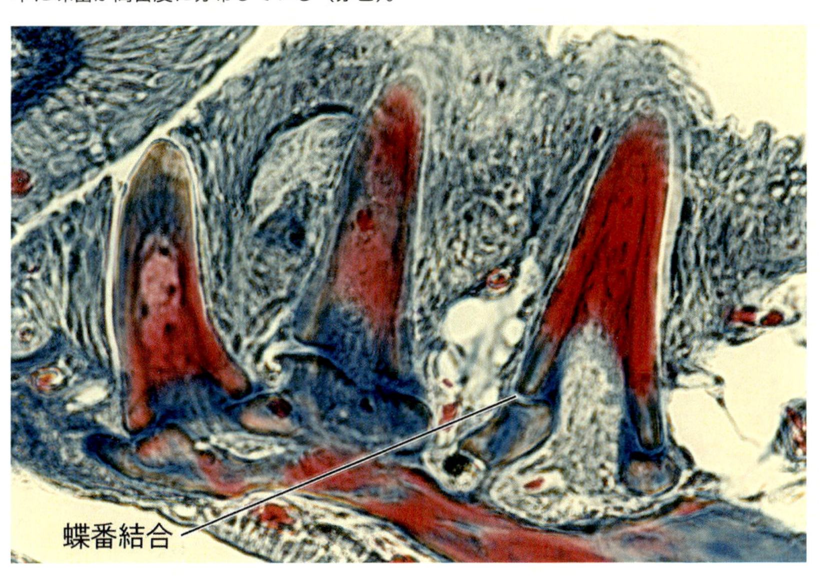

図 49　シラスウナギの顎歯は下の骨と直接結合せずに蝶番結合をし、一方にしか倒れない（餌の小動物を逃さないようにしている)。

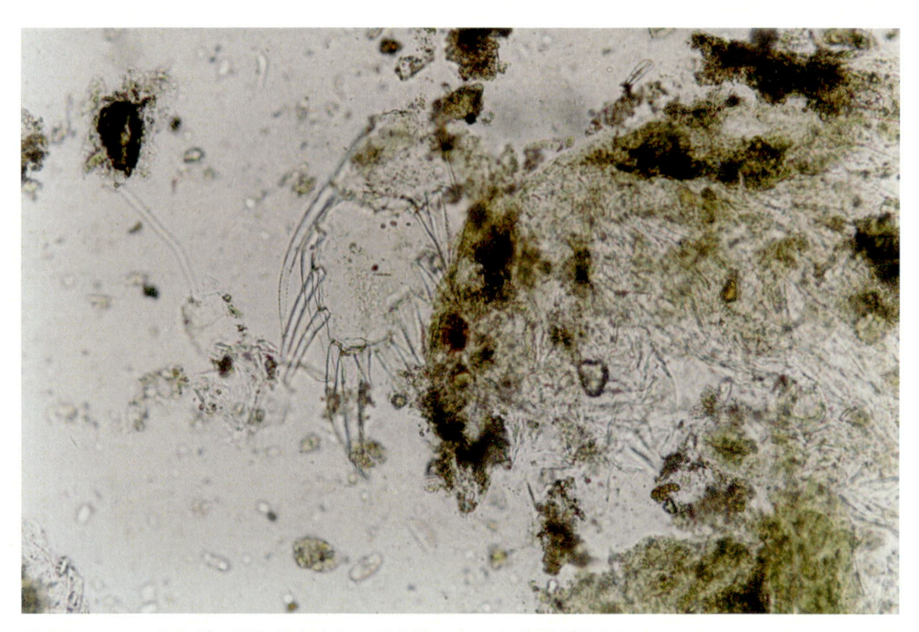

図 50　シラスウナギの消化管内容物。動物性のものと藻類が混在している。

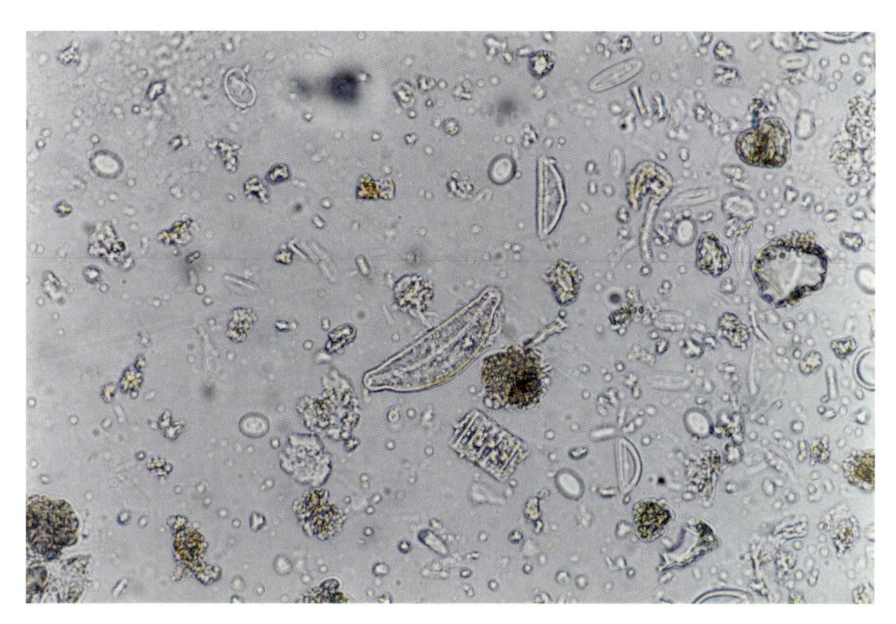

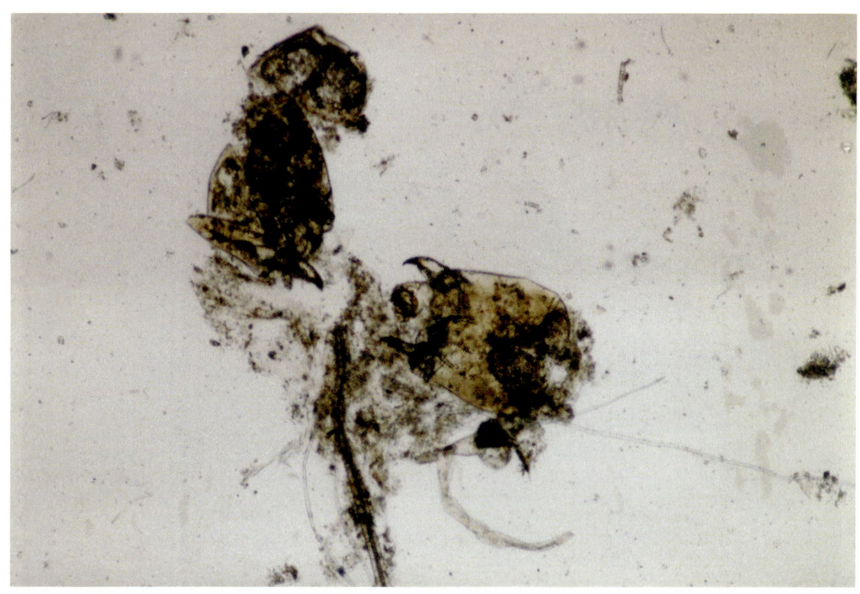

図 51　ハリウナギ（瑞穂市）の消化管内には藻類（上）や動物（下）が見られるが、生息している環境によってその出現の仕方が異なる。

図 52　ウナギ未成魚

図 53　天然記念物指定の粥川ウナギ生息地の看板

図 54　粥川中流域で、昔は川岸にカイコのさなぎ・幼虫を求めてウナギが多く見られた付近

図 55　粥川ウナギ生息調査中、調査員が生息穴を示している。

図 56　粥川ウナギ生息調査中、ウエによって採捕されたウナギ成魚

図 57　採捕されたウナギを囲んで、地元住民との意見交換の風景

3　スナヤツメ

(1) はじめに

円口類に分類されるもので、一般的に魚類（有顎口）とは別の無顎口類に分けられる。すなわち、上・下顎を持たずに口がまるく、吸盤状を呈している。さらに、真に眼の働きをする目の後方に並ぶ七つの鰓孔（呼吸するための孔）を含めてヤツメ（八つ目）と数え、体形がウナギによく似ていることから“ヤツメウナギ”と呼ばれている。

最大の特徴は口器にあり、口が丸く、吸盤状でしかも周辺には歯が植立しているが、一般のスナヤツメの歯は、カワヤツメの様に先端が鋭く尖ることなく丸くて､肉質の中に埋没している場合が多い。しかも、一般の魚類における歯はヒトと同じ組織構造を持っているが、本種では角質歯でヒトの爪と同じである。

産卵期は４～５月で、雄が上記の口を使って砂を掘り出して穴を作り、雌を誘って産卵受精する。この穴の中で孵化するが、当初は眼も鰓孔も開口していない。口は開きっぱなしで有機物などが自然に腸管に入っていく摂食の仕方で、しばらく（3年以上）砂の中で生活をする。このような状態のスナヤツメの幼生をアンモシーテスと呼んでいる。そして、3年後に変態をして全長15～20㎝に達し、眼は著しく大きく、体側は銀白色になり、消化管は細くなり餌は捕らずして成熟し、その後、産卵受精行動をして一生を終える。

(2) スナヤツメの生息

スナヤツメは、大・中河川の川岸の流れの緩やかで、川底に砂や木の枝や葉の混じった泥の堆積している所で生息している。その多くは、川幅10ｍ以下の中・小河川の緩やかなカーブを描いて湾曲している淵に生息している。普段は砂の中に潜った状態で生息している。さらに、ヤナギの木が天空を覆って水が淀み、さらに湧き水があるような場所を好むようである。タモ網でやや深い(5～10㎝)川底を探ると、数尾のスナヤツメが捕れる。この場合には体長の異なる5～12㎝の個体が4～5尾同時に採捕される。このような場所には何十年もの間、安定して生息し、繁殖場としても利用されているものと思われる。特に、川幅3～5ｍの平瀬・淵が交互に存在している河川でよく見かける。このように安定した環境が、出水や、河川工事などで消失すると、スナヤツメの生息は見られなくなる。

木曽三川では、このような状況がそれぞれの支流に点在している。しかし、本流では安定した生息状況はあまり見られず、特に下流域では時々単独で採捕される。おそらく、何らかの原因で棲み場を離れて上流から移動してきたものと思われ、成魚である場合が多い。このように生息場所が限定される場合が多いことから、環境指標の代表的魚類として注目される。すなわち、単独での生息が採捕確認された場合には、そこで生活しているというよりも、上流の生息地から流されて移動してきたものが、一時的に河床が砂泥の淵などでとどまっている個体が採捕された結果であると思われる。このような場合には、確認種ではあるが、生息していると扱わない方が納得がいく。

(3) スナヤツメが群れて生息している環境

以下のような環境の砂・泥に落葉が混在している所に体長6～12㎝のスナヤツメが群れて生息している。

・流速 10 ～ 30cm / 秒
・川底は砂・泥・腐敗した葉
・水深 30 ～ 80cm
・上空―開放

スナヤツメの生息している所は川底が砂や泥で構成され、その中に腐敗の進行した落葉が混ざっていることが多い。このことから、比較的長期間にわたって洪水などで川底が撹乱されて大きく変化することの少ないことが推測される。調査活動をしている時に、このような場所は長い年月が経過しても前回の調査の時と同様な状況が確認されることからも、スナヤツメの生息状況は、その生息場所の環境変化を知る上で重要な指標となる。

なお、本種は一生涯、カワヤツメのように他の動物に寄生することはない。

(4) カワヤツメ

魚類の生息調査を本格的に始めるまでは、ヤツメウナギはビタミンAを豊富に含んでいるので夜盲症に良いと聞いていた。しかし、実際に実物を見たことはなかった。そして、その料理方法は“蒲焼き”が主流だと聞いた。長良川で、タモ網でヤツメウナギを採捕した時に、どう見てもそれが蒲焼きにして食べるほどの大きさではなくて、かなり悩んだ経験がある。その後、しばらくして、岐阜県内で採捕されるのはスナヤツメであって、料理にして食べるのはカワヤツメであると知った。後日、カワヤツメの実物を見て驚いた。体長は 40 ～ 50cmで、ウナギとほぼ同じ大きさであった。それまでの疑問は一挙に解消した。

私は、標本を入手した時には、まず口を見ることから始めるが、カワヤツメの口に備わっている歯は、スナヤツメのものよりも格段に強固で露出しており、サケなどに寄生して数年を過ごして再び河川の中流域で産卵して一生を終わるという話が容易に納得できた。しかし、このカワヤツメの歯もスナヤツメの歯と同様に、エナメル質や象牙質で構成される真正歯ではなくて硬たんぱく質でできている。

カワヤツメは脂が乗っているウナギに劣らず、栄養価が高いと言われている。残念ながら、今のところ、スナヤツメは食したことがない。八つ目（ビタミンA）で眼の健康に良いとして子供の頃から耳にしてきたヤツメ類は、川と海を行来する大型のカワヤツメのことであることを納得した。前述したように、このカワヤツメは岐阜県には分布していない。主に、東北地方が生息地として有名である。

写真から見たスナヤツメの一生（写真と解説）

図58　スナヤツメ成魚

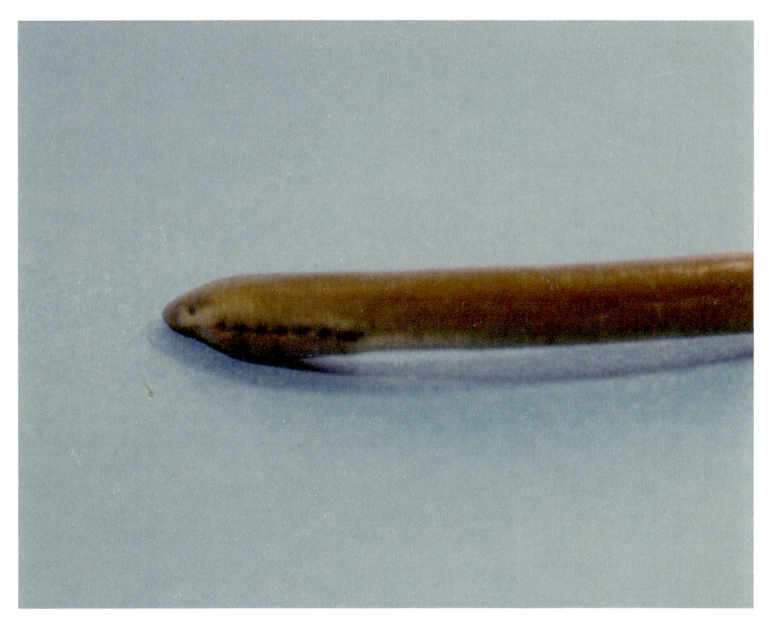

図59　スナヤツメの頭部の眼と7個の鰓孔（上）と口（下）、口は開口したままで餌と砂泥を一緒に口に入れる。

図60　大八賀川のスナヤツメ生息地。ツルヨシや柳の下の淀みに幼魚～成魚が混在している。

図 61　スナヤツメが生息する淀みの川底にある土砂の層の調査風景

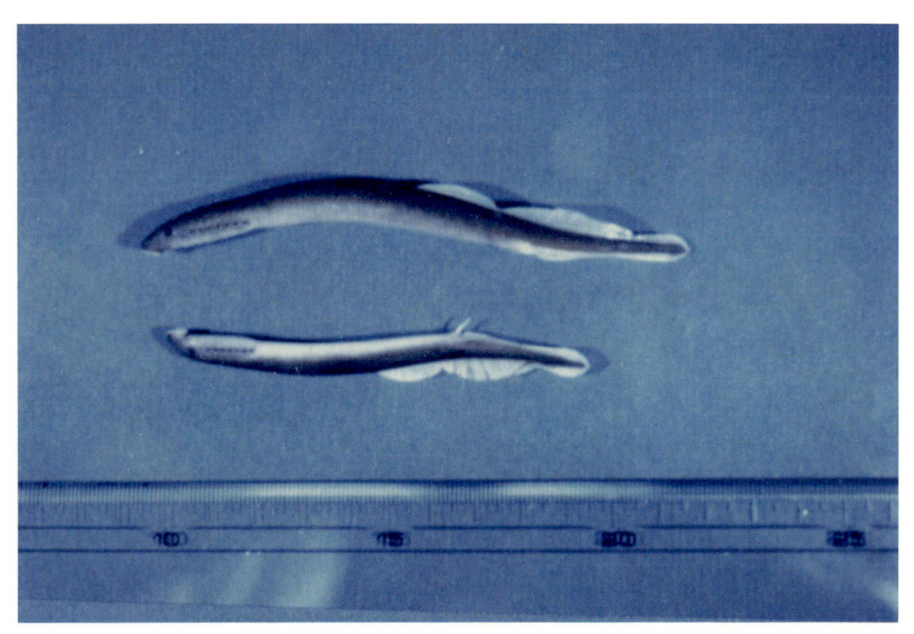

図 62　カワヤツメの全身（上）と頭部（下）

図 63　カワヤツメの口を前面から見た図。歯が並んでいる。この歯は爪と同じ角質性である。この歯を用いて、他の動物、例えばサケなどに吸い付いて栄養分を吸収する。

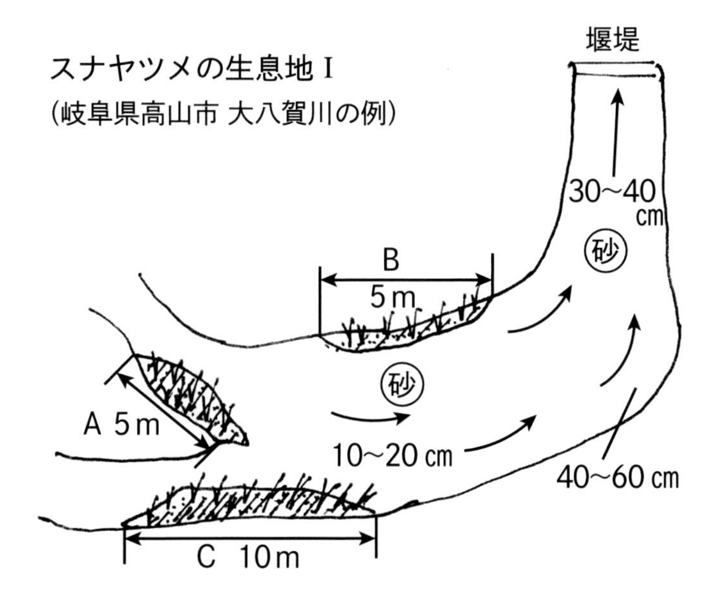

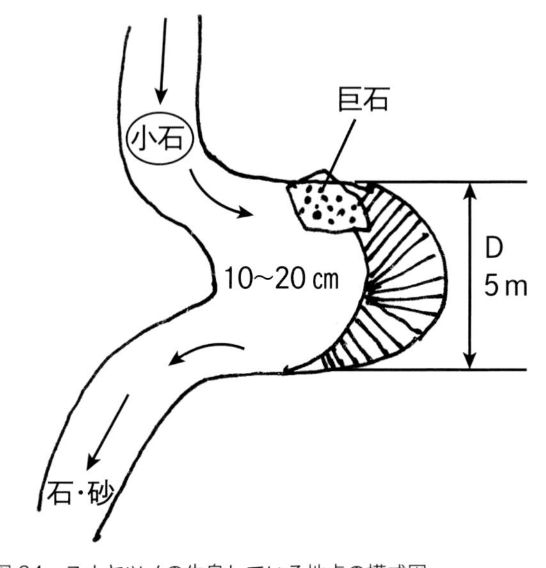

図64　スナヤツメの生息している地点の模式図
A、B、C：ツルヨシ群落。D：岩陰（淀み)。図中の数値（cm）は１秒間の流速を示す。

4　アジメドジョウ

(1) はじめに

アジメドジョウは、岐阜県をはじめとする中部地方および近畿地方の山岳地帯を流れる大・中河川の上・中流域に広く分布する淡水魚である。内水面漁業の面からも重要な魚類の一種である。上・中流域の河床の石に付着する藻類を主食とすることから、泥臭さがなく、しかも骨が柔らかいこともあって食べやすく、から揚げなどの料理として高級魚扱いを受けて多くの人に親しまれている。

本種の名前は以前から聞いていたが、実物を目にしたのは20歳代になってからのことである。幼少時代を過ごしたのは三重県津市近郊の田園地帯で、ドジョウと言えばマドジョウやシマドジョウ(ムギワラドジョウ)で、泥臭いことから食用にする習慣はあまりなかった。アジメドジョウは、清流に生息する魚で骨も柔らかく、から揚げにするとめっぽううまいと聞いたのと、山岳地帯の限定された所にしか生息していないと聞いて関心を持った。初めてアジメドジョウのから揚げを口にした時はなるほどと感心した。

河川の上・中流域に生息地帯が限定されると聞いたが、当時（50年前）は、河川環境は家庭からの雑排水や農・工業廃水、さらに土地開発工事や河川工事の濁水などのさまざまな影響を大きく受けて、それによる河川汚染が社会問題にされていた。そのため、近い将来に本種の生活圏にもこれらの影響が及ぶようになるのではと気になった。岐阜県を代表する淡水魚の一種であるアジメドジョウの生活が今、どのようになっているのかを考えてみたい。

ところで、私たちが自然河川における魚類の生息調査に用いる手法は昔から投網にタモ網が主体で、時々、潜水目視をすることに限定している。アジメドジョウの生息調査をタモ網で行うと決めた時、「アジメドジョウがタモ網で採捕できると思っているのか？」との話をよく耳にした。しかし、この手法は私の確固たる決心で、調査によって魚類を傷めることのないように！ との思いである。そのためにはまず、採捕技術を磨くことである。電気ショッカーなどはもっての外であると思っている。今では、「タモ網では……」という話を聞いたことがない。何はともあれ、魚（生物）にやさしいことが調査の時の大前提であると思っている。

本種の生態調査を手掛けることになったのは、名古屋女子大学に勤務するようになって間もない頃に、同大学昆虫学教授の佐藤正孝先生から「揖斐川上流の徳山地区で生物環境調査を行うので参加してほしい」とのお誘いを受けたのが始まりだった。その時に、事前にアジメドジョウの生態について、未解決の問題は何であるのかを調べることにした。次のような課題が頭に浮かんだ。

A. アジメドジョウの分布域は、山岳地帯の水の澄んだ大・中河川の上流域と言われているが、現時点ではどうか。産卵・孵化の生態は明らかになっているか。
B. 産卵受精～仔魚期～幼魚期～成魚期の生活史、特に食性に関して明確になっているか。
C. 生息環境（例えば、河川、湖など）に特別に限定されていることはあるか。
D. 周辺住民の食生活にどのように関わっているか。

などであった。特に、AB については、自然河川からの情報を得ることが何よりも重要だと思ったので、現地へは最低でも月に1～2度は訪れることをまず決心した。この決心は約20年間続き、今でも年に3～4回は出かけている。

(2) アジメドジョウの一生

野外での魚類の生息調査の開始は毎年、4月の河川の水温が8～10℃に上昇して魚が動き始める頃と決めている。河川の生物生息調査を始めた頃は、春・夏・秋・冬の四季の4回は必ず実施した。当時は、冬季の雪の中を毎月出かけて情報を得てきたが、今では冬の川の中の状況がほぼ分かってきた。そこで1～3月は、この時期でないと分からないという生態（例えば越冬）が想像される場合や1年間を通じての情報の入手が必要であるという場合を除いては現地に入らないことにしている。

1989（平成元）～1993年の4～5月、揖斐川上流域（旧岐阜県徳山村）で魚類の生息調査をしている時に、川岸のツルヨシ群落中で、しかも川底が砂・泥で構成されている所で、タモ網の目を潜り抜けるようなドジョウに気付いた。注意深く採捕したところ、アジメドジョウの稚魚であった。アジメドジョウの稚魚を自然河川で見た初めての経験であった。この時に、今後は揖斐川におけるアジメドジョウの一生、すなわち生活史を中心に据えての調査がスタートできると確信した。

①揖斐川におけるアジメドジョウの生活史

揖斐川上流域において、アジメドジョウの稚魚が採捕されるのは毎年5月上旬～中旬で、その場所は旧徳山村・本郷地区の川岸の川底が泥と砂の混合で構成されている、水深15㎝以下の淀みであった。ツルヨシ群落の中で早瀬の近くであるが、周辺の流速は10㎝／秒以下であった。そこで採捕されたのは体長約8㎜の稚魚が最も多く、その範囲は6～20㎜であった。

これらの稚魚の食性を知るために、研究室に持ち帰って、顕微鏡下で腹部消化管の内容物を検索した。最も目に付いたのはユスリカの幼虫で、頭部は消化されないでそのままの状態で残り、胴体部分は消化されて、その内容物が周辺に散在していた。その中に藻類が多数含まれていた。体長20㎜ほどのアジメドジョウの消化管内にユスリカの頭部が10～20個含まれているのに出合った。このような場合には、ユスリカの胴体は分解されて消失していた。この藻類はどこから来たのか疑問に思った。気になって、別途ユスリカの幼虫を顕微鏡で開腹してみたところ、藻類が多数含まれているのが観察された。このことは、アジメドジョウの稚魚がユスリカを介して川底の着床藻類を摂取していることを暗示しているのではないかと思った。しかし、淡水魚類のオイカワやウグイなどの仔稚魚の腹部内容物の中に、ユスリカの幼虫などの動物性の餌料がかなり観察されたことがある。その時には、稚魚の成長を促進させるのに動物性たんぱく質が必要なのであろうと考えたが、幼魚時代にはどの魚種でも口に入るものは何でも食べるいわゆる雑食性であるのかもしれない。

初夏を迎えて体長が30㎜以上に成長すると、川岸の淀みなどの止水域を離れて付近の平瀬に進出する。これらの幼魚は、体長60～80㎜の成魚とともに、本郷地区の平瀬において、盛夏の水温が25℃以上に達し、河床の石の表面にケイ藻類を中心に藻類が大繁殖している所に生息しており、胴長の足の裏が滑るような状況下で、靴底を通してアジメドジョウが動くのか分かるほどの密度で生息していたのである。表面積が250cm^{2}ほどの石の上で、アジメドジョウが２～５尾ずつ観察された。その多さに驚いた。石の上で休んでいる個体もあり、藻を食んでいる個体もあり、鮮明に記憶している。あまりの多さに驚いて、地元の人に「何故、アジメドジョウがこれほど多いのか？」と問うたところ、「この辺りの人はほとんど食べないのでね」との返答であった。以前、そのような習慣があるように聞いたことがあったが、いずれにしてもすごい密度であった。

一方、西谷の最上流にまで調査に踏み入った時、水深1.0～1.5ｍの淵にて目視のために潜ったところ、岩壁にほぼ垂直に吸い付いて、体を揺らしながら着生藻類を食んでいるのに出合った。口器を利用して岩に吸い付きながら藻を食んでいるのである。その数は１m^{2}当たり数十～数百尾で壮観であった。体長は60～80㎜で、全てが成魚であった。次の年の調査の時には道路が崩壊して通行できなくなっていた。道の片側は谷底で、もう一方は石崖であり、修理されない限り通行できないために、一度きりの貴重な経験であった。今はどうなっているか分からない。

また、道谷・ソバク又の分岐点の谷川に高さ約25ｍぐらいの砂防堤が建築されているが、その上流の湛水域は水深30㎝ほどが砂によって埋まり、平瀬が形成されている。その場所の河床は握り拳大ほどの石が積み重なっていた。１回のタモ網で５～６尾のアジメドジョウの成魚が採捕されるほどの生息密度であった、しかしある時、突然に大きな洪水があって、アジメドジョウは土石と共に一夜にして堰堤の下流に流された。２年後の調査では、必死の努力にも関わらず、アジメドジョウは１尾も採捕されなかった。それから約20年もの間、1尾も確認されていない。この支流は川幅３～５ｍで、現在でもカジカやアマゴ、さらにカワヨシノボリは確認されることから、これらの魚類はあの大洪水時に岸辺の巨石や木々の陰でやり過すことができたが、アジメドジョウはこれらの魚類より洪水に対して弱いと考えられた。

川の水温が下がり始める9月中旬以後になると、アジメドジョウはそれまで生息していた所からすぐ上流の早瀬の下部の湧水が見られる石の下に潜るために移動を始める。すなわち、越冬のために“アジメ穴”と言われる場所へ移動するのである。10月中旬になると、アジメドジョウの姿は全く見られなくなる。しかし、生物の生活史には例外を垣間見るのが一般的だと思っているので、12月で積雪のまだ多くない日に、揖斐川・徳山の塚地区で浅瀬、淀みなどをタモ網で生息状況を探る調査を行ったことがある。その時、本流から少し離れた石積みの岸に接する日当たりの良い幅1.0 m、長さ5.0 mほどの小さな水溜まりに、体長25～30㎜のアジメドジョウを合計30尾ほど、タモ網で採捕することができた。この水溜まりは、河床は砂で、水温は10℃、日当たりの良い場所で地下水が湧いているようであった。この水溜まりは冬季も凍るような水温には下らずに､その場所で越冬が可能なのであろう。アジメドジョウは、幼魚を含めてすべてがアジメ穴に入って冬を越すのではないことを知った。すなわち、このような場所があれば、越冬できるのだと思われた。そのように思って他の場所でも注意深く探ると、生息を確認できることにほぼ毎年出合った。おそらく、体長が小さく泳遊能力の小さな幼魚は、このような場所において冬を越しているのが一般的な生活史なのかもしれない。

アジメドジョウの押し上げ効果

揖斐川上流域（旧徳山村）には、昭和40年代からダム建設の計画があり、1995（平成７）年にはダム運用の始まりの堪水が開始された。その頃には、ダムが建設・運用されて以後も、建設以前の自然河川の状態、例えば、魚類の生息状況を建設の20年前の状態に維持することを目的にした保全対策を考えて実施していた。ダム建設の前と後で、同じ場所に生息している魚種に変化が生じないようにと考えて行った「魚類の移動放流」もその一つである。アジメドジョウについては堪水が進むにつれて、上流へ上流へと移動するが、この行動を補助する手立てを何か行おう！ と考えた末、「登り落ち」を仕掛けて採捕したアジメドジョウを、その上流数百メートルの早瀬の下部に移動放流することを繰り返す方法も実施した。登り落ちで採捕された尾数は予想していた数よりもかなり多かった。一晩で数千尾であった。堪水が進むにつれてアジメドジョウは上流へと移動した。その成果の一つとして、事前（工事前）の調査では本種の生息密度が他の支流に比べて低かった扇谷で、ダム運用開始後はその密度は数倍に上昇したという調査結果が得られた。

このことは元々、扇谷に生息していたものに上流へ押し上げられたアジメドジョウが加わった、すなわち他の支川や本流から移動してきた個体も含まれていることを証明したものと考えられる。まだ、経過年数が少ないこともあって、その効果の評価は明らかにされていないが、一つの対策として効果があったと思われる。

さらに、この扇谷は、ダム湖が建設・運用される前にはアジメドジョウの生息量が極めて少ない河川であったが、押し上げの効果で生息密度が高くなった。しかし、2023（令和５）年の調査結果では昔の状態に近づいているようにみられる。アジメドジョウの生息する河川には、以前からある一定の川幅、または安定した流量が必要ではないかと注目してきた。揖斐川本流に流入している漆谷とこの扇谷は、アジメドジョウの生息場所が揖斐川本川への流入口に近い所に限定されるか、または成魚しか採捕されないということが、20年間のほぼ毎年行った調査での安定した結果であった。このことは、これらの支流には本流から一時的に上がってくる成魚しか生息していないことを暗示している。未だ、その原因は何であるかについては、考察が十分に行われていない。

徳山ダム下流の岐阜県揖斐川町に横山ダムがある。このダム湖には多数の流入する支流があるが、どの支流にもアジメドジョウは分布していない。支流は短くて川幅が狭いこと、すなわち支流の規模の大きさなどが関与しているのかもしれない。

②揖斐川支流の牧田川におけるアジメドジョウの生息状況

岐阜県大垣市から養老山脈に向かって、牧田川に沿って同市上石津町の方に進むと、この川によって形成された扇状地の最上流に位置する一之瀬地区に至る。一之瀬橋の上流を眺めていると、川幅が広く平瀬が広がっている。この橋から数百m上流の堰堤までタモ網を持って平瀬の中を探っていくと、アジメドジョウの採捕尾数が少しずつ増えていく。そして堰堤のエプロンでタモ網を入れたところ、驚くほどのアジメドジョウ成魚が捕れた。そして、そのコンクリート床には藻が繁殖して一面を覆っているが、その中に点々とアジメドジョウ成魚が藻を食んでいる状態が観察された。この場所には、上流から流下してきた個体と上流に向かってきたアジメドジョウが閉じ込められた様子であった。

この堰堤より上流のキャンプ場として有名な多良峡の早瀬でタモ網を入れて、直径20～30㎝の石を足で移動させると1～3尾ずつ、ほぼ例外なく採捕された。5～8月頃まで、ほぼ一定した採捕量であった。10月に入ってその調査を終えた時、「来春のアジメドジョウがアジメ穴から出て来るであろう時に、調査に来よう」と決心した。翌年5月に多良峡を訪れた。水温13～14℃であり、早瀬には成魚が姿を見せていた。その早瀬の下流10～15ｍの左岸側に、水深10㎝以下で河床が砂･泥の幅1.0ｍ、長さ10ｍほどの淀みがあった。そこにタモ網と絹ダモを入れて探ったところ、体長15～18㎜のアジメドジョウ稚魚が14～15尾採捕された。本種の産卵・孵化場が近くにあることを確認したことになる。

この多良峡はキャンプ場として有名であり、保養のために訪れる人の数も多いと思われるが、そのような場所に隣接する川でありながら、アジメドジョウの生息密度の高さは、前述したように「揖斐川水系にて生活する人はアジメドジョウを食べる習慣がない」との食習慣は“西濃地方”という大きな生活圏に共通しているのではないかと改めて思った。

さらに、一之瀬地区から下流に向かってアジメドジョウの生息状況を見たが、やがて姿を全く見なくなる。そして、それより下流数百ｍで流れる水がなくなった。牧田川は伏流水となるのである。アジメドジョウはそのことを察知して、その涸れる地点から200ｍ上流までの区間には生息しないのではないかと思っている。

多良峡の下流部に早瀬があり、その右岸に水深30～50㎝、流速30～50㎝/秒で、川底が直径5～15㎝の石で構成された傾斜の見られる場所がある。そこで、アジメドジョウが越冬するためにアジメ穴に潜ると言われる10月上旬に、その斜面を体長50～80㎜の若～成魚が隊列をなして上流へ上流へと向かって移動する光景に出合った。この行動は、アジメドジョウが越冬穴に向かって移動しているものであろうと考えられた。その隊列の長さは20ｍほどであった。この列のアジメ穴への入り口付近にアジメ筌を仕掛ければ、それこそ一網打尽に採捕されると思った時、少し複雑な気持ちになった。しかし、一般的にアジメ穴を見つけるのは困難であると言われていることを思い出して安堵した。通常は、アジメ筌は湧水の下限を見て石組みをしてアジメドジョウを誘導するのである。

2022（令和４）年の８月に、多良峡のアジメドジョウを観察しに出かけた時、牧田川漁業協同組合（大垣市上石津町）に挨拶に出向いた。組合長によると「アジメドジョウが増えて、昨夏には数千尾が死んだ。酸欠が原因だ」とのことであった。少し心配したが、今年も健全であった。以前にも感じたが、この多良峡のすぐ上流の平瀬にはマドジョウが混在して生息しているのである。山間部の平地の特性を垣間見た気がする。

揖斐川におけるアジメドジョウの生息が確認された下限は大垣市万石地区の揖斐大橋の下流の平瀬である。これらのアジメドジョウが揖斐川本流と牧田川のどちらに由来しているのか分からない。なお、現在のところ、この地点での自然繁殖の確認はできていない。

③長良川におけるアジメドジョウの生息状況

長良川の上流域（郡上市）におけるアジメドジョウの情報は、長良川の魚類生息状況に関心を持った時からアユとともに多く聞かれた。アジメドジョウの情報で耳にしたのは「アジメのから揚げは美味だよ」であった。西濃地区では耳にしなかった話である。1970（昭和45）年頃に、タモ網を持ってアジメドジョウの生息状況調査を始めた。この頃から今まで、郡上漁業協同組合（郡上市）の方にずっとお世話になっているが、中でも白滝治郎さん（現組合長）には今でもなお郡上地方の魚類調査などに協力していただいている。長良川本流に生息しているアジメドジョウ成魚は体長60～100㎜でしっかりと太っており、動きが速くてタモ網で採捕するのはなかなか難しく、急流では時として体長80㎜以上の成魚が投網に掛かってくる。

長良川支流の亀尾島川で毎年定期的な調査を行っているが、この河川にはアマゴやアユに匹敵するほどの生息量があった。しかし近年、本河川上流の内ヶ谷にダム建設が進められており、その影響とは断言できないが、平瀬に砂泥が流れ込んで、浮き石が少なくなり、沈み石のためにアジメドジョウが減少している状況にある。ダム建設に係わる河川の影響はさまざま指摘されているが、工事用道路を大型の車両が通る際の泥水の河川への流入は本工事の始まる相当早い段階から発生し、その影響が見落とされている場合があり、注意する必要がある。この付近で何が起きたかといえば、まず、体長60㎜以上の成魚が少なくなって徐々に稚魚、若魚しか採捕されなくなった。それ以後は体長30㎜以下の稚魚しか見かけなくなり、やがて全体的にさらに姿を見ることが少なくなった。

長良川下流域（岐阜市近辺）のアジメドジョウ

40年ほど前に、長良川のアジメドジョウ生息の下限は岐阜市の長良橋近辺であると言われていた。しかし20年ほど前に下流の大縄場の平瀬にてアジメドジョウが数尾採捕されたのを機にそれ以後、生息量が増加し、今では穂積大橋の下流0.5㎞の平瀬が長良川の分布下限である。

大縄場大橋下流0.5㎞の平瀬でアジメドジョウ数尾を採捕確認してから4年後の12月、1月、2月、3月と冬季に本種の生息調査を実施したところ、冬季の間も継続してアジメドジョウが採捕された。

採捕されたアジメドジョウのうち、1月に採捕された8尾の中に体長70㎜の成魚が混在しており、その腹部を見た時、皮膚を通して卵の存在が透けて確認できた。「1月なのにここでは成魚がアジメ穴に潜らずに、しかも産卵していない親魚がいる」と知った。何はともあれ、20～30㎝大の浮き石の下流にタモ網を当てて石を移動させたところ、2～3尾の成魚が同時に採捕された。それを見て感動した。このような状態は12～4月の間維持されていた。それから数年間は、5月にこの早瀬の近辺の岸側にある浅い砂底の淀みでアジメドジョウの仔・稚魚を探したが見つからなかった。しかしその後、いつも同行してくれていた門前の小僧のビニール袋の中を覗いたら、アジメドジョウの仔魚が入っていた。「どこで捕った？」と聞き、その場所の周辺を探って合計5尾の体長18～20㎜の仔魚を採捕できた。これで、アジメドジョウが長良川の下流域（岐阜市）で繁殖活動を行い、その産卵・受精の時期は3～4月であり、5月に孵化仔魚が出現することが知れた。

その後、岐阜市内の長良川で登り落ち漁を行っている組合員の人にその成果を見せてもらったところ、捕れる魚類の量はアユの稚魚が最も多くて、次に、ヨシノボリ類、アジメドジョウの順であった。長良川上流の郡上地方にも劣らない生息密度であるように思っている。

④木曽川・飛騨川におけるアジメドジョウの生息状況

木曽川に生息するアジメドジョウの生態に関しては、地元の魚類研究家・丹羽彌博士の功績として広く知られている。現在、確認している木曽川でアジメドジョウが生息している最下流は丸山ダム湖（岐阜県八百津町・御嵩町境）に流入する旅足(たびそこ)川である。旅足川のダム湖への河口から約200 m上流で、ダム湖の水位の高い時でもその影響を受けない地点から上流には本種が多く生息している平瀬が広がっている。そこでは、アジメドジョウの若・成魚が浮き石の下で採捕される。上流域までこの状態が繰り返し観察される。上流域では、体長20～25㎜の稚魚も多く見られる平瀬がある。その場所でのアジメドジョウの生息密度が高く安定していることから、二十数年前にこの地点に周辺の子供たちが親しめるような「アジメドジョウ観察施設を建設しては如何か？」という提案をしたことがある。実現はしていない。

飛騨川ではその支流の大半にアジメドジョウの生息が確認される。特に馬瀬川とさらにその支流の和良川では高密度に分布が観察される。5～9月の期間にこの川に入ると、大・小さまざまの堰堤の下部のコンクリートのエプロンでは、ヨシノボリ類に交じってアジメドジョウが石の上の着生藻類を食べているのが目撃される。川岸のツルヨシ群落の中をタモ網で探ると、体長30～50㎜のアジメドジョウが多く採捕される。

岐阜県内の山地を流れるどの河川でもほぼアジメドジョウの生息が確認される。しかし、その生息密度には場所によって変化が見られる。土砂が流入すると浮き石がなくなり、生息場所が失われる可能性があるので注意したいものである。

アジメドジョウは珍味でから揚げにすると美味であると聞いた時に、それほどに価値のあるものなのに、なぜ人工孵化養殖をしないのだろう……と不思議に思って、組合の人に聞いたことがある。その時、卵の数が少ない（100個程度）から労力の割に利益が少なくて面白くないのだとの返事であった。納得したことを覚えている。珍味のままでいいのだとも思った。

30年ほど前に、岐阜大学教育学部の附属中学校で理科生物の教員をしていた友人の小椋郁夫さん（現在は名古屋女子大学児童教育学科教授）を訪ねた時、廊下の長机の上にさまざまな大きさの水槽が並べられていて、その中の一つに10尾ほどのアジメドジョウ成魚が泳いでいた。「これは何をしているの？」と問うと、「アジメドジョウの産卵・孵化を観察しようと思って」の返答であった。彼は稀にみる魚類好きで、魚類生息調査にもよく同行してくれている。私と似たところがあって、「まず飼ってみて、いろいろな情報を得る」ことを良しとしていた。過保護な世話はせずに自然体で見守るのである。春になって、「アジメドジョウの仔魚が水槽に現れた」と聞いて見に行った。その水槽のガラス壁には藻が茂って、水は濁り、アジメドジョウの稚魚を探すのに苦労したのを記憶している。ここの生徒たちはこのような先生に教えてもらって幸せだと思った。何はともあれ、生物を知るためにはその生活史を知ること、すなわち日常的に観察することは重要であることを、身をもって教育している。

(3) アジメドジョウを対象とした住民の食生活（食習慣）から見た長良・木曽川水系と揖斐川水系の違い

木曽三川(木曽川·長良川·揖斐川)の各水系の流域に生活する人々のアジメドジョウに関わる食習慣は、木曽川・長良川流域と揖斐川流域では大きく異なる。前二者の流域では、から揚げ料理として各家庭で利用されてきたのに加えて、最近では高級料理として料亭やレストランでも取り扱われているのに対して、後者では、その食習慣はなかったと言っても過言ではない。アユやアマゴが、ほぼ全県で平均的に好まれているのとはかなり異なる。そこで、その違いがどこにあるのか長年興味があったので、少し調査をしてみた。その結果、見た目には揖斐川流域の本種は長良川・木曽川流域に比べてやや細身ではあるが、体長と体重を計った結果では、明確な差は見られなかった。

この項を終えるにあたって、岐阜県内に生息するアジメドジョウの生活史を調査によって知り得た情報から、大きく次の二つのタイプに分けることが可能であると思う。

① 中部山岳地帯の河川上流域での生活型

9～10月上旬に、アジメドジョウはアジメ穴に向かって河川を上流に向かい、10月下旬頃には雌と雄成魚は混じってこの穴に入り、河川では見られなくなる。翌年の4～5月頃に、まず、前年に孵化した体長25～55㎜の幼魚が穴から出て生活を始める。成熟した親魚はこの間に、アジメ穴の中で産卵・受精を行う。5～6月になると、成魚も穴から出て盛んに着生藻類を食んでさらに成長し、やがて抱卵する。やや遅れて、同じ頃にアジメ穴で孵化した体長15～20㎜の稚魚が出現する。これらの稚魚は、川底が砂や泥の水深10㎝以下の川岸の浅瀬で生活を始めるが、時として、ツルヨシ群落の中の止水場所でも生活を始めるようである。餌は小型の水生昆虫（ユスリカの幼虫など）である。成長に伴って、餌は河床の石に付着する藻類が主となり、夏季には体長は20～25㎜になり、アジメ穴に入る10月頃には体長は25～40㎜に達する。このことを毎年繰り返す。

② 岐阜市内の河渡地区から大縄場大橋付近の長良川下流域での生活型

1990（平成２）年頃から、岐阜市内の長良川でアジメドジョウの若魚・成魚がタモ網で採捕されるようになった。しばらくの間は成魚が多く、稚魚は採捕できなかったので、これらのアジメドジョウは出水（洪水）時に上流から流下して、この地域に居着いたものと判断していた。しかし、それから10年経過した頃、平瀬の川岸の浅い淀みで、絹ダモを用いてアジメドジョウの稚魚の発見に全力を挙げた。そして、2010（平成22）年に体長12～15㎜の稚魚が数尾採捕できた。12月・1月・2月になっても、平瀬の石の下にアジメドジョウの成魚が生息していることを確認した。2月中旬でも、親魚（体長80㎜）が石の下に数尾集まって生息しているのである。この頃の親の腹部には卵が透けて見えた。採捕して腹部を確認したが、間違いなく抱卵していた。この地では、本種の若魚～成魚はアジメ穴には入らずに、平瀬・早瀬の浮き石の下で生活し、越冬しているのである。この状況、この十数年間同様であり、毎年繰り返し定住している。

写真から見たアジメドジョウの一生（写真と解説）

アジメドジョウは10月頃にそれぞれの生息場所から直上部の早瀬のアジメ穴を求めて隊列を組んで遡上して冬季を迎える。アジメ穴の中で翌春４～５月頃まで過ごすがその間に雄雌成魚は成熟して産卵・受精の準備が進む（図65・66）。３～４月頃にアジメ穴で受精し、卵黄によって生活し（図67）、卵黄を吸収した後（図67）にアジメ穴から出る（図68・69）。

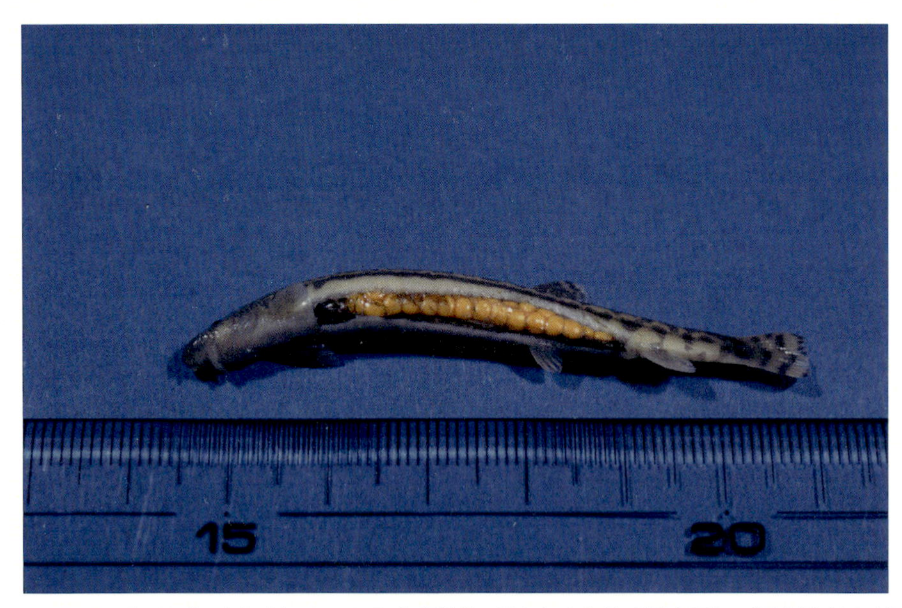

図65　アジメドジョウ♀成魚、2～3月、抱卵状態で間もなく産卵・受精を行う。（長良川・岐阜市）

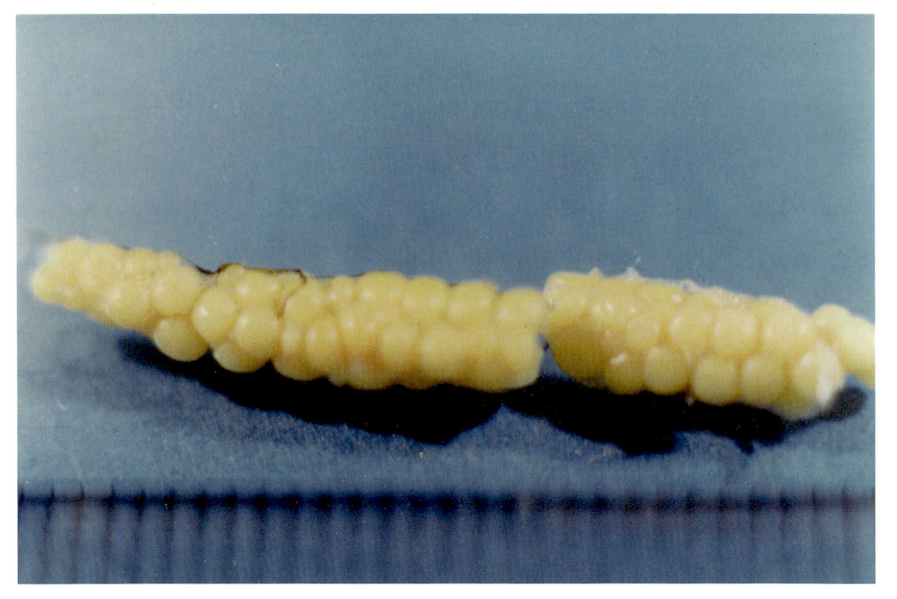

図66　アジメドジョウの卵

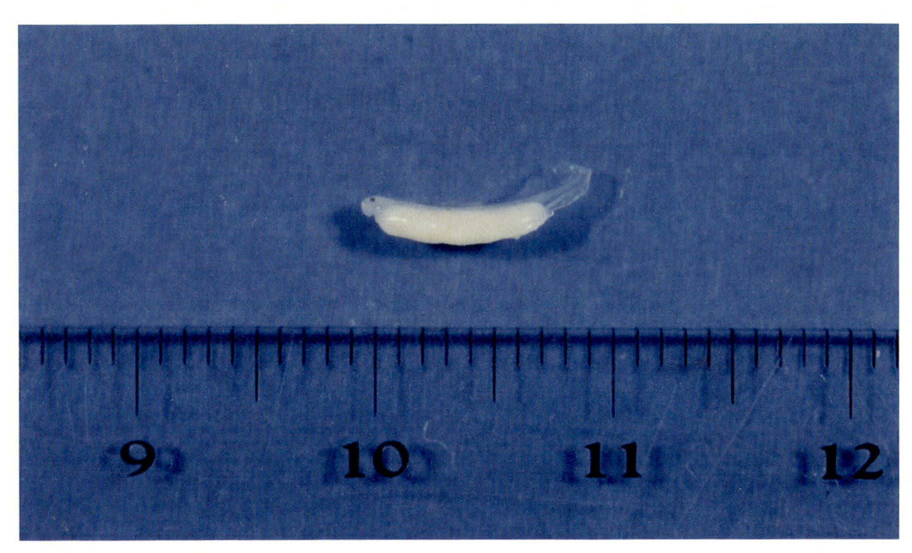

図 67　アジメドジョウの孵化直後の仔魚

図 68　アジメドジョウ稚魚。卵黄吸収を完了し、間もなくアジメ穴から脱出する。

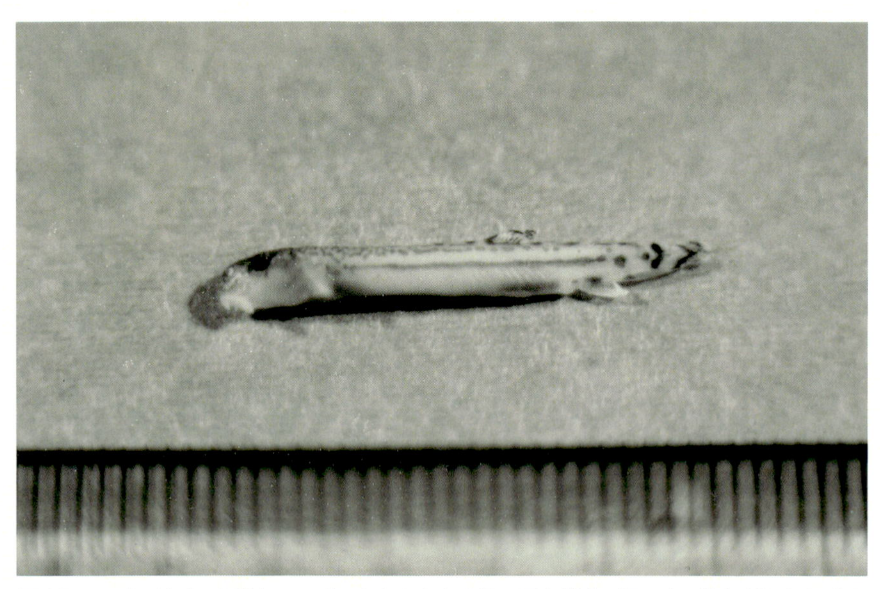

図 69　アジメドジョウ稚魚。アジメ穴から出た直後、河床が砂・泥の水の流れがほとんど見られない川岸の浅瀬に集まってくる。

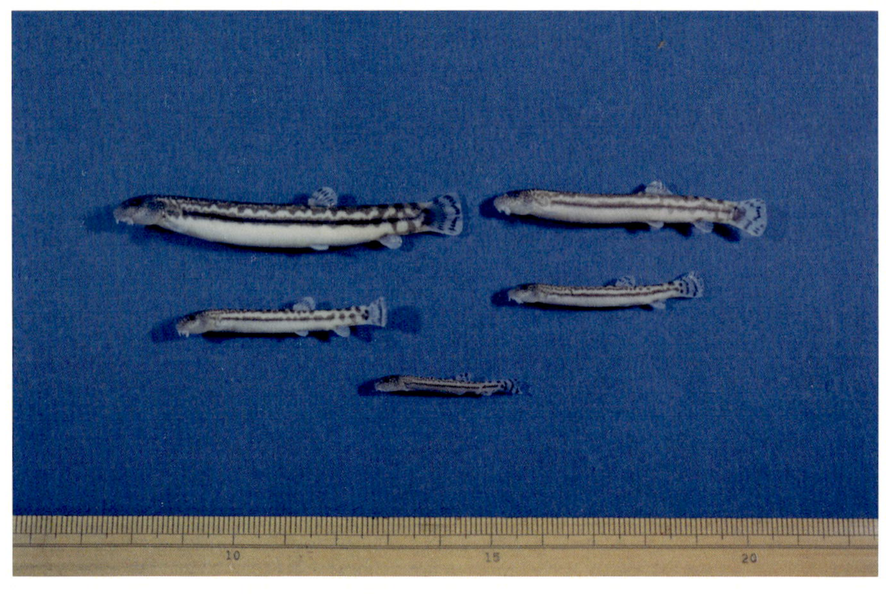

図 70　アジメドジョウの成長段階（稚魚〜成魚）

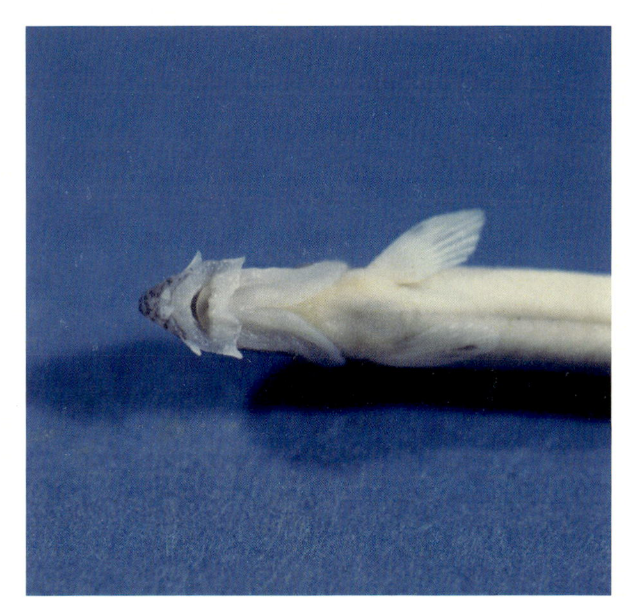

図 71　アジメドジョウ成魚の口部周辺の下面

図 72　アジメドジョウ稚魚の腹部消化管内にはユスリカ頭部が多く見られる。

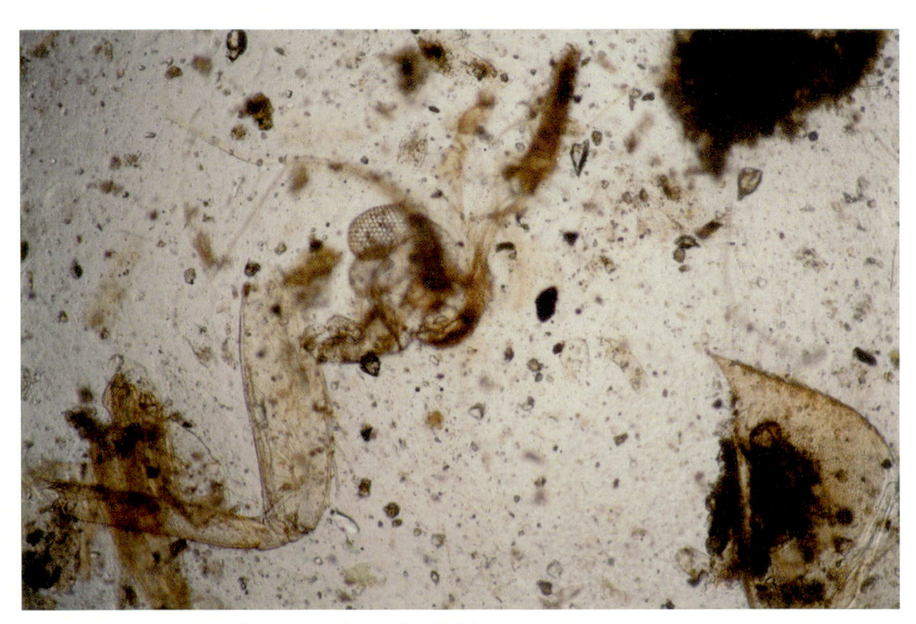

図 73　アジメドジョウ稚魚の消化管内容物（体長 45㎜）

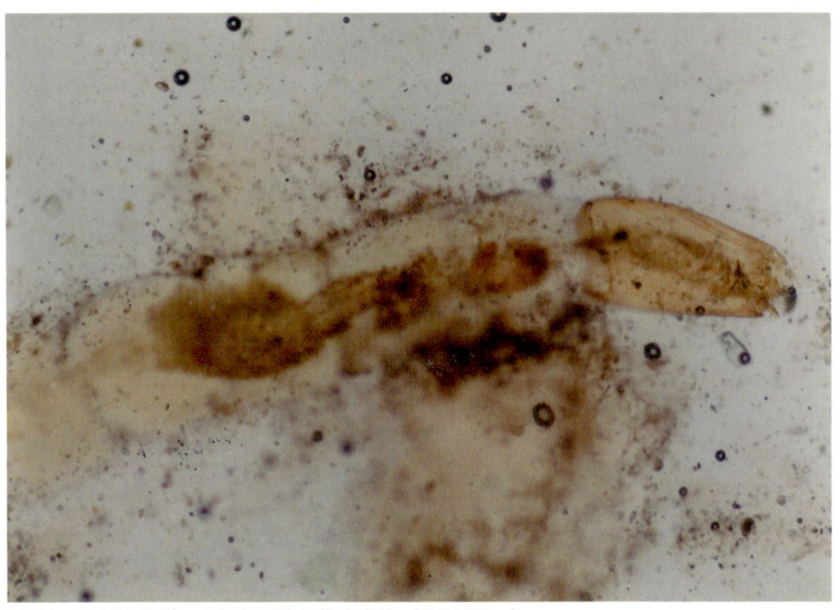

図 74　アジメドジョウ稚魚の消化管内容物（体長 35㎜）

図 75　アジメドジョウの長良川における生息域の下限・岐阜市。近年は産卵・孵化も行われている。カジカやアユカケも生息している。生息密度は長良川上流域と差異は見られない。

図 76　長良川上流域・郡上市白鳥地区で大きな成魚が見られる。投網にて時々体長 80 ～ 100㎜ の成魚が採捕される。

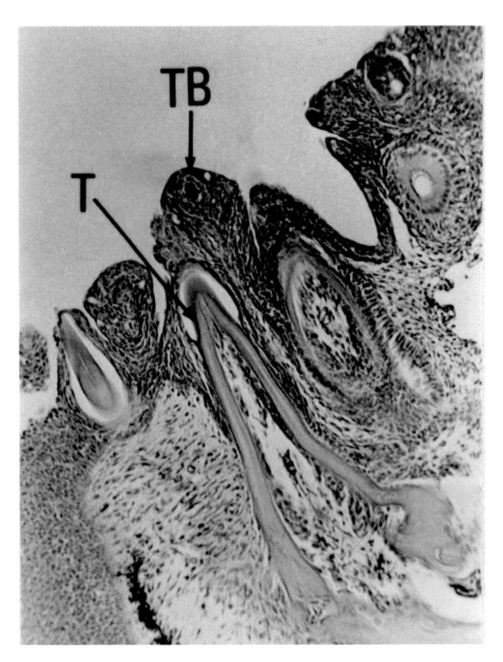

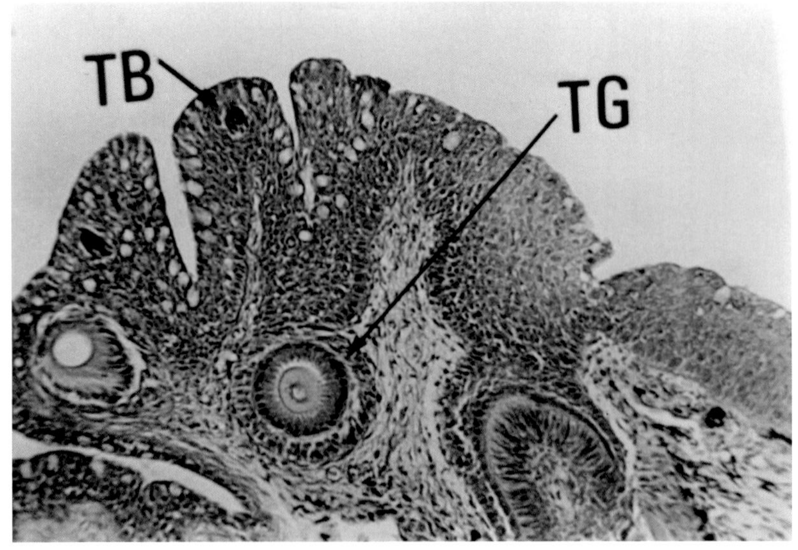

図 77　アジメドジョウ若魚の咽頭部分には咽頭歯（T）および味蕾（TB）（上図）が見られ、さらにその下には次世代の歯胚（TG）もが見られる（下図）。

図 78　牧田川一之瀬堰堤

図 79　一之瀬堰堤内の段差のあるエプロン上には多数のアジメドジョウが生息している。

図 80　アジメドジョウの稚魚から成魚まで、すべての成長段階のものがエプロンに生息している。盛んに藻を食べている（牧田川・一之瀬堰堤〈上・下図〉）。

図81　牧田川中流域で、9月下旬になると、右岸の傾斜面をアジメドジョウの成魚がアジメ穴に向かって列をなして溯上する。

図82　揖斐川上流の旧徳山村本郷の右岸にあるツルヨシ群落の淀みに、アジメ穴から出た直後の稚魚（体長18～20㎜）が多く生息している。河底は泥で、ユスリカが多く生息している。

図 83　揖斐川上流の平瀬には、夏季になると体長 30 ～ 80㎜の稚魚～成魚まで全ての成長段階のアジメドジョウが生息する。胴長の足底にアジメドジョウの感覚があり、足の踏み場もないという現象が体感される。

図 84　揖斐川・道谷上流の砂防堰堤では、大出水の際にアジメドジョウが小石もろとも下流に流されて、30 年後の今も復活していない。

図 85　揖斐川支流・扇谷では、徳山ダム建設運用後、工事前調査時に比較してかなり多くのアジメドジョウが生息するようになった。写真に見られる細流では体長 20 ～ 30㎜の稚魚が多く生息する。

図 86　扇谷のダム湖内へ流入する直前の右岸の細流では、ツルヨシ群落の根元の泥中にアジメドジョウの仔・稚魚が見られるようになっている。

図87　揖斐川上流におけるアジメドジョウの生息量を確認する目的と、徳山ダム湖湛水後にどのように生息状況が変化するかを知るために、河川に構築されていた堰堤に登り落ちを設置した。

図 88　登り落ちの作業

図 89　登り落ちによるアジメドジョウの採捕状況。一夜で 2,000 尾を超えた。
これらのアジメドジョウは数百m上流の早瀬の下部に移動放流した。

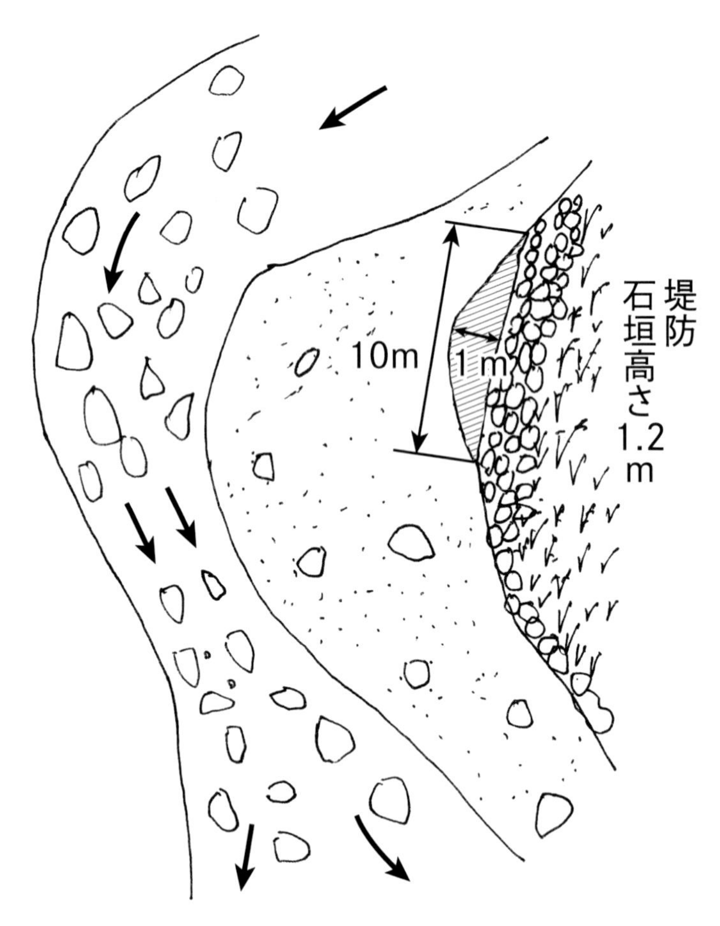

図 90　アジメドジョウが越冬する水溜り（図の斜線部分、水深：20 ～ 30㎝、底質：砂・泥・腐敗土、水温：8 ～ 10℃（12 月）、日当たり：良好）アジメドジョウの体長：25 ～ 35㎜（0+ 年魚）タモ網にて 30 ～ 40 尾採捕された。このような場所が数カ所確認された。

図 91　岐阜大学教育学部附属中学校の理科室の前には水槽が設置されており、その中にアジメドジョウ成魚を雄・雌 2 ～ 3 尾ずつ入れて、冬～春の間、生徒たちは自由に観察できるようにしてある。春になって水槽の清掃をする時に、体長 15 ～ 20㎜の稚魚が現れる。生徒たちは貴重な経験をしたことになる。

5　ホトケドジョウ

(1)はじめに

ホトケドジョウを具体的に身近に知って興味を持ったきっかけは、娘が仕事で岐阜市近郊の小・中河川、水路、沼などでホトケドジョウの生息調査をした際に、「同行してちょっと教えて……」という声に従って現場に出かけた時である。マドジョウよりも少し円筒状を呈している。

(2)ホトケドジョウの一生

産卵期は3～5月である、早春に採捕した成魚の腹部を観察したところ、卵を持っていた。5～6月には岐阜市近郊の休耕田の水溜まりやそこに出入りする細流に、仔・稚魚がゆらゆらと遊泳しているのに出合う。稚魚期から以後は、水生昆虫などの小動物を餌として生活をする。

農地整備などで、水路はコンクリート三面張りにされることが多く、その結果、生息環境が狭められる心配がある。このような水路が造られた場合、水路の中に段差ができたり、水路自体に蛇行があって木の枝や葉が堆積していたり、土砂が堆積し、そこにクレソンなどの水草が繁茂すると、ホトケドジョウが例外なく生息している。また、数十cmの落差があってその落ち口から少し深くなっていると、そこには水生昆虫などの小動物が出現するのであろうか、複数の本種が生活している。

旧岐阜県伊自良村の依頼で伊自良川の生物調査を行った時に、本流のツルヨシ群落に囲まれた水深30～50cmの川底が泥である淀みには、数多くのホトケドジョウが生息していた。本流以外の支流にも生息が見られ、山際を流れる小川にも確認された。このような場合には、共通している環境条件がある。すなわち、上流に湧水があることである。このような淀みで静観していると、中層をゆらゆら泳いでいる。本種は、他のドジョウの仲間よりも浮袋が大きいとも言われている。

岐阜市北部の山間の水田放棄地では、ヨシ類などが繁茂し、その中に大小さまざまな水溜まりができている場所が見られる。いわゆる沼田の跡である。この場合、その田園の周囲には湧水があって、人が入ると濁るが、やがて澄んだ水になる場所である。

外観から、ホトケドジョウが生息していそうだな！ と想像してタモ網を入れてみると、ほぼ間違いなくホトケドジョウが採捕される。いわゆる普通に見られる代表的な魚である。しかし、近年は希少魚の仲間入りをしている。その理由は簡単である。この休耕田は大抵、土捨て場として埋められて、その後、住宅地に開発されていることが多い。つまり、乾燥地になっているのである。単に、放置されているだけであれば救われるのだが……とホトケドジョウの身になってしまう。いわゆる「水がなくては､魚は生きていけません」の典型である。

耕地整備事業などの際に、ホトケドジョウの保護に対する配慮について問われることが何度かあった。その場合、まず、湧水が確認されていることを挙げる。一方、土地改良事業の一部であることから、用水路は三面張りにしたいと言う。このことに対しては、前述したように、川の中にコンクリートによる段差を作る。この段差の下流には砂泥が堆積する。さらに、そこにはやがて水生植物が生える、またはやや水深が深くなる。川底は泥である。このような場所が創設されれば、ホトケドジョウは物陰に隠れて生き続ける。

ドジョウ類は口にヒゲを有し、それを使って泥・砂の中を探餌する。この時に用いるのは、ヒゲの表皮中に形成された味覚器（味蕾）である。この索餌方法はドジョウ類に共通しているが、川底や湖沼の砂泥底で餌を探すナマズ類やコイ・フナ類でも同様である。

写真から見たホトケドジョウの一生（写真と解説）

図92　ホトケドジョウ成魚

図93　ホトケドジョウ親魚の腹部（抱卵状態）。この状態は4～5月であることから、間もなく産卵・受精が行われる。

図 94　ホトケドジョウの生息地（岐阜市郊外）。写真中央部の細流の止水部分には多数生息している。

図 95　岐阜市郊外の休耕田にはその中を流れる細流に多く見られる。

図 96　ホトケドジョウの生息地。岐阜市郊外（上・下）。休耕田の中は泥で小さい凹地に水が溜まっているとホトケドジョウがふわーと泳いでいるのが見られる。

図 97　ホトケドジョウ生息地の水路

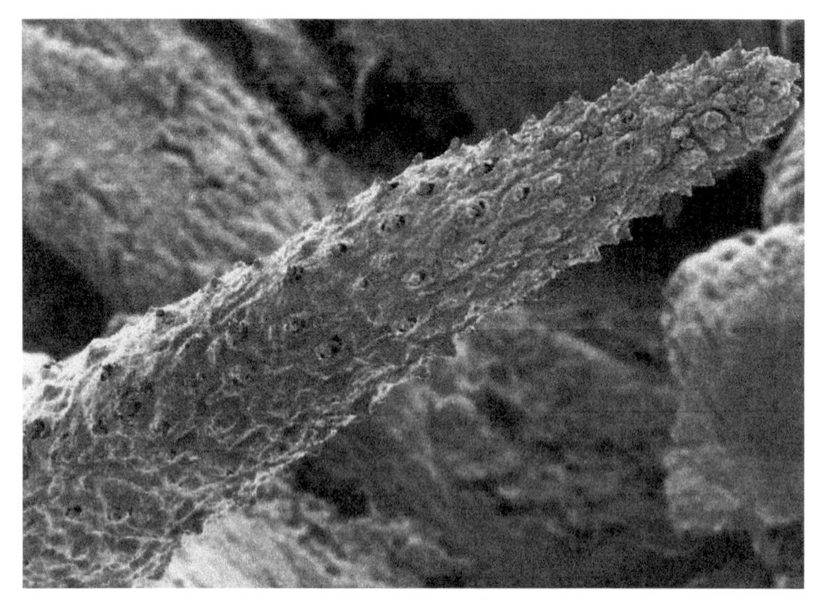

図98　ホトケドジョウ成魚の口ヒゲで、その上の隆起は味蕾

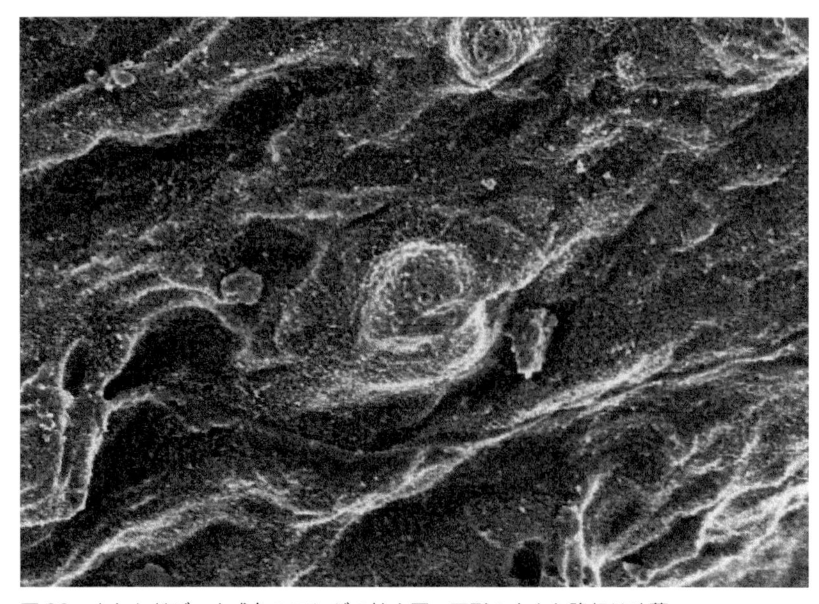

図99　ホトケドジョウ成魚の口ヒゲの拡大図。円形の小さな隆起は味蕾

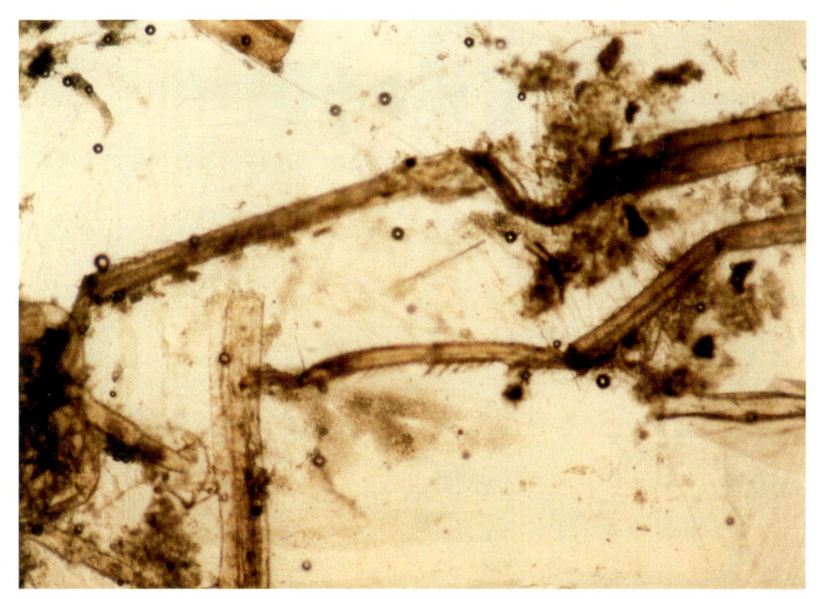

図 100　ホトケドジョウの腹部消化管内容物。水生昆虫の体の一部が見られる。

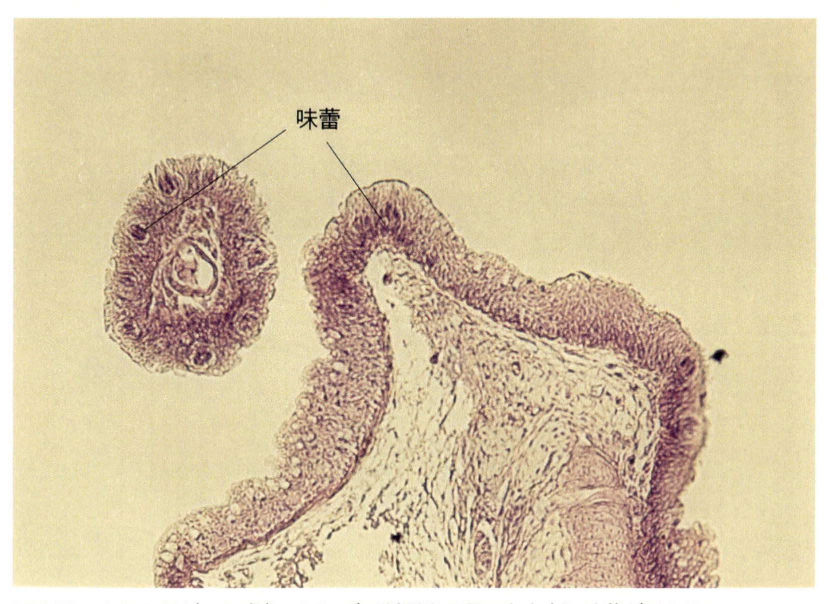

図 101　ホトケドジョウ成魚の口ヒゲの断面や口唇の上皮中に味蕾が見える。

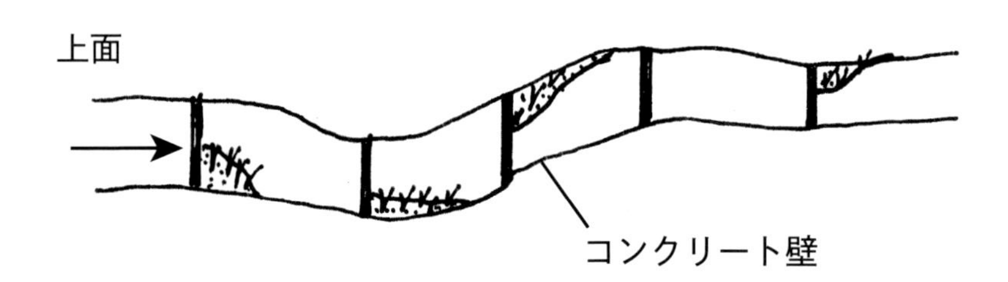

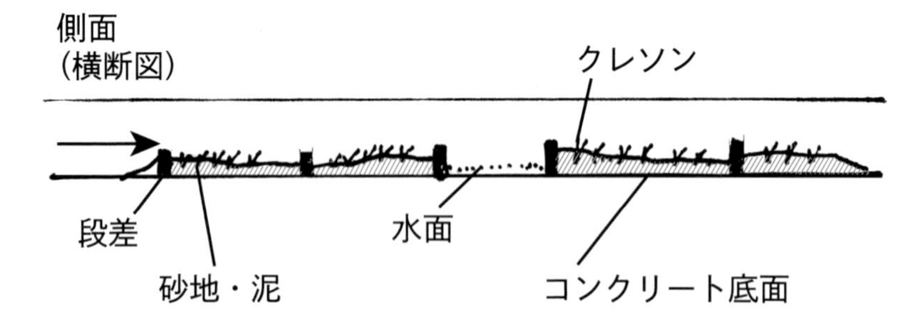

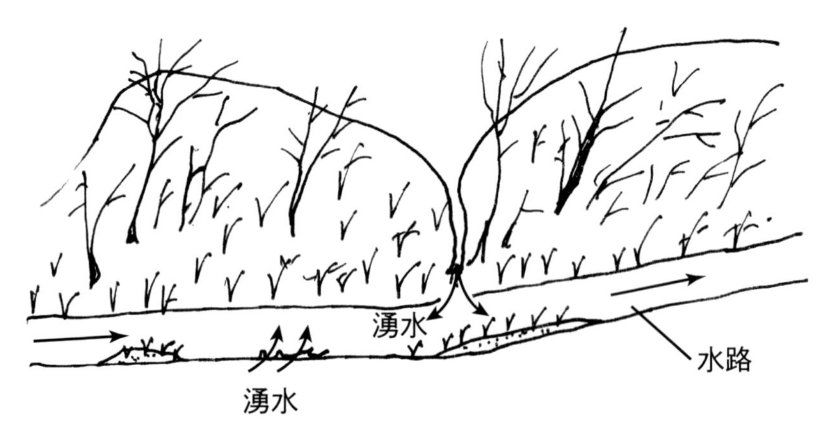

図 102　山側の三面張り水路の上面（上図）、側面（中図）、および水路への山側からの湧水がある（下図）。ホトケドジョウの生息には、湧水の存在が欠かせない。

6　サツキマス（アマゴ）

(1) はじめに

日本列島に現在生息している淡水魚類は、大きく次の三つの由来が考えられている。

A．大陸から移動してきた魚類

大陸→朝鮮半島→北九州→瀬戸内海沿岸→近畿地方→琵琶湖→東海地方へと順次移動してきた魚類。

ユーラシア大陸→シベリア→北海道→東北・関東地方へと順次移動してきた魚類。

B．海洋から内陸に移動してきた魚類

海洋から繁殖のためや餌生物などを求めて河川に入り、さらに内陸の湖や沼などで生活のある部分を過ごすようになり、長い年月を経て全生活史を内陸で全うするようになって、現在では海との関わりを完全になくしたグループと、現在もなお、海洋との関わりを維持しているグループの２グループがある。なお、その要因として、ダム湖のように人工的に水系そのものが遮断されて河川内での移動が物理的に困難になった場合は、除外して考えるのが適切である。

C．琵琶湖をはじめとした湖沼や河川で日本独自に分化した、いわゆる日本固有種と言われる魚類

ここで取り上げるサツキマス（アマゴ）は、Ｂの区分に属する魚類である。元来は海洋で一生を終えていたもので、繁殖のためだけ

に河川を遡上していたが、それらの一部は全生活史を河川で過ごすようになって、二つの生活タイプが出現した。このうち前者をサツキマス、そして後者をアマゴと称するようになった。本書ではこれに従って、種名としてサツキマスを用い、アマゴは陸封されたものに対する呼び名として用いた。

一般的に南方では、河川残留型すなわちアマゴの占める割合が高く、降海型のサツキマスの割合は低いといわれるが、岐阜県に生息するものはその南方型であるといえよう。この名称に関しては以前から、東海地方ではその生息状況から見て、生息数が圧倒的に多いことから、アマゴの一部が降海して海洋生活を過ごした後に遡上してくるものをサツキマスと呼ぶことが主であったが、時として河川上流域で体長40～50㎝の陸封された大型の本種をサツキマスとして記載される傾向があり、種名の統一が必要になってきている。後で少し言及する。

降海型サツキマスは、サツキマス×サツキマス、サツキマス×アマゴ、アマゴ×アマゴそれぞれの交配の結果、孵化した稚魚の中で、1年未満および1年以上の幼魚のうち、スモルト化（銀毛化）して下流に向かって移動するもので、それまでは、鮮明であったパーマークはグアニンの沈着によって目立たなくなり、11～3月に長良川のほぼ全域に分布する体長15～25㎝のシラメはこれに由来する。このうち、海洋（伊勢湾）に降下して再び遡上してくる本種は、日本列島の太平洋側および四国・瀬戸内海周辺に広く分布するが、近年は、本来はヤマメの生息する日本海側の河川にもアマゴ稚魚が放流されており、混乱している。

この混乱状況は、太平洋側に流下する河川でも生じており、現に揖斐川上流ではアマゴとヤマメが交雑した結果と思われる朱紅点の認められない個体が、明らかにアマゴと判断される個体に交じって採捕されることが多々ある。このような場合には、一般的に人為的影響として扱われる場合が多い。

しかし、このようなことは何も人為的行為によるとは限らず、自然界でも発生し得ることであり、固定概念に固執することもないのかもしれない。実際に、揖斐川の上流域でいわゆる“見た目がヤマメと思われる魚”が採捕されるとすぐに、放流が行われているのではないかとの声が聞かれる。このような情報を背景にして、最近はアマゴやヤマメの放流事業を行う時にはさまざまに検討されていると聞いている。アマゴは通常、水温20℃以下の渓流域にて一生を終えると言われている。しかし、河川内での生息状況を見ると、上流から順次、イワナ→イワナ・アマゴ→アマゴ→アマゴ・ウグイと分布状況が変化すると言われているが、最近では、河川における降雨による増水や河川改修による河川環境の変化に加えて、多岐にわたる人工孵化養殖魚の放流事業の結果として、これらの状況はますます増幅される。

(2) サツキマス（アマゴ陸封型・残留型）の一生

サツキマスとアマゴの両者間で、産卵時期、孵育期間、孵化、仔・稚魚期の生活などに関しては基本的に同じで、差異は認められていない。一言でまとめれば、アマゴはサツキマスが陸封残留されたものであるということである。「両者は同一種であるということである」と前にも述べたように、岐阜県内では両者の比率は、アマゴがサツキマスに比べて圧倒的に多い。以前、サツキマスの増加を願ってシラメ型の親魚を用いた人工孵化稚魚を育成しても、ある出現率以上にシラメが安定して多く出現することはないと聞いたことがある。

産卵・孵化は、10 ～ 11 月に河川の上流域の産卵床内で行われる。毎年、10 月になると川幅 20 mほどの揖斐川上流域の平瀬に、体長 15 ～ 20㎝の 1 歳魚が 2 ～ 5㎡に 1 尾ずつほどの割合で遊泳しているのによく出合った。さらに、水深 50㎝ぐらいの堰の落ち口周辺にはより高い密度で群れている光景をも見た。その後まもなく、この付近で産卵が始まった。

アマゴの産卵床とは、石と石の間に小石・砂利などによって構成されたやや凹んだ河床で、アマゴ成魚によって作られた場所のことである。ここで孵化した仔魚は、3 ～ 4 月に卵黄を吸収した後、体長 20 ～ 25㎜で浮出する。その後、岸寄りの浅くて流れの緩やかな淀みや草陰で生活する。この頃になると、口部を構成する骨格系は石灰化が進行し、それぞれの骨上に形成された歯は大きくなり、骨との骨結合が進んで小型動物を摂食する能力が発揮される。この時の餌は、ユスリカ・カゲロウの幼虫、ミジンコなどである。

アマゴの生息量の自然状態（放流や採捕の禁止された場所）での年変動を知るために、どのような手法が適しているかを検討したことがある。まず頭に浮かんだのは、川岸の淀みや物陰に潜んでいる体長 20 ～ 25㎜の稚魚が、岸を離れて分散する前にタモ網で採捕して、時間当たりの採捕量を比較検討することであった。それぞれの場所で河川漁業管理者の許可が必要だが、比較的個人の採捕能力差が少なく、尾数を数えた直後に放流するのだからアマゴに対しても「やさしい」と思っている。この時期を過ぎると、遊泳力が増大するために、タモ網での採捕は困難となる。5 ～ 6 月頃、体長が約 50㎜に達すると、岸から離れた少し流れのある、河床が小石や砂利で構成された平瀬などに生活場所を移す。数尾～数十尾が群れて、ほぼ定位の状態で、流れてくる小型の水生昆虫（ユスリカ、カゲロウ、トビケラなどの幼虫）を摂食する。時に、ダム湖へ流入する小河川の河口近くの流速が急に弱まるような所で群れを見ることが多い。その後、いよいよ分散して単独生活に移るのであるが、餌生物は大型の水生昆虫（カゲロウ、トビケラ、ガガンボなど）を経て、陸生の落下昆虫に主体が移行する。

山奥深い渓流域を訪ねることがあれば、上空を見上げて、河畔林を構成する木々の枝や葉が川の流れの領域まで広く覆っているか、どの程度かを確かめるのも楽しい。木々の枝や葉から陸生昆虫などの小動物が落下した場合に、水面に落下してアマゴの餌になるか否かを推測しながら水面を眺めていると、さまざまな場面の状況が頭に浮かぶ。

7～8月頃、体長60～80㎜に成長したアマゴは、川幅10ｍ以下の河川ではかなり長い期間、同じ淵に定位することがある。時々、砂防堰堤の建設が必要となった場合に、堰と堰の間の距離がどの程度あれば、魚の一生が全うされるかなどの話題が持ち上がる。その時の魚種はアマゴ、カジカなどが対象とされ、この課題をクリアするための基礎資料を得ようと努力がなされる。二つの面からの追究である。一つ目は、自分が実験河川に相当する環境を創造するとすれば、どのようであるかを想像して、そのような場所を探して情報を得ることである。二つ目は、自然界で既に造られている堰の現場調査を行うことである。私は一般的に二つ目を選択する。このような情報は、いざという時のために平素から資料（データ）を得ておくことが大切である。数年間、その目的で揖斐川の西谷へ調査に入った。アマゴの餌が落下昆虫であるとすれば、どのような種類の木から多く落下するか、そしてその木はどのくらいあるかなどである。その結果、堰と堰の間は100 mもあればよいということになったが、川幅が問題になり、面積の方が有効ではないかと、ゴールのない状態に陥る。だから、この種の資料は一般的に少ないのであろう。

アマゴの産卵・受精から始まって、稚魚期・若魚期そして成魚期の全てが生活できる環境が存在すれば、それが直線的な一筋の流れであっても、大小さまざまな細流が網目状に流れていても、一生を過ごせるであろう。巨石が点在して、上空を広葉樹が覆い、細流が蛇行し、水深が深くなったり浅くなったりして流れる場所に遭遇したことがある。そのような場所には、アマゴの稚魚〜成魚が生息していた。堰堤を連続して建設する必要があれば、事前にいくつかの場所で多様な環境を創設して、計画的に資料を得ておくことも有効なように思える。

10月、アマゴは孵化から1年以上に達すると産卵が可能になり、10月中旬になると平瀬で群れが目につくようになる。この頃に特に目につくのは、アマゴの中にシラメ（銀化アマゴ）が一定の割合で出現するようになることである。揖斐川・徳山地区で河川漁業を管理する組合が解散して以後、アマゴの放流事業がなくなったのを契機に「自然状態であれば、アマゴとシラメの比率はどのように安定するのか」に興味を持ち、30年ほど見てきたが、大きな変動は見られなかった。シラメの比率に、あまり変動が見られないことに注目した。以前、アマゴの放流種苗を考える時に、将来、河川アマゴとして残るか、シラメとして降下するかの判断が必要になったことがある。人工養殖で放流用の銀毛アマゴ（シラメ）を一定量得たいと考えた場合に、この選択が著しく困難であったという話を耳にした。

長良川においては、シラメ（銀化アマゴ）は約１年を経過した頃に降下を始めて一気に伊勢湾まで下るグループと、流水域（下流域）に留まり冬を越すグループがあると言われている。当時の岐阜県水産課から、長良川下流におけるシラメの行動についての情報を聞かれたことがあるが、投網での採捕尾数（調査結果）の程度では、その傾向を知るレベルまでには思いもよらないほど長い年月がかかると思ったことがある。さらに、この下流域に留まるシラメは11月～翌年3･4月までの間、長良川に広く分散して生息し、やがて“もどりシラメ”として上流に遡上するものもあると言われている。このようなシラメの行動は、実際に現地調査でどの程度の信頼性があるか検討することが大切であり、その方法の吟味も必要であるが容易ではない。しかし、そのことの検討が十分でないと次の段階へ調査研究が進まない。

伊勢湾に降下したシラメは、冬季から春季にかけて甲殻類やイカナゴ、カタクチイワシ、マコガレイなどの幼魚を食べて成長し、春季になる頃には体長35～50㎝、体重400～1200gに達して、長良川を遡上して郡上地方まで達する。しかし、河川への遡上後はほとんど餌を取らないといわれている。長良川を降下したシラメが伊勢湾のどの辺りに分布するのかを、過去に岐阜県水産試験場が調べたことがある。標識放流の結果、伊良湖岬（愛知県）沖で採捕されたという結果が報告された。海洋での分布域はかなり広いようである。春季に遡上するサツキマスを長良川下流域で採捕して、料理店で刺し身、天ぷら、塩焼きなどにした料理を食する機会があったが、極めて美味であった。このサツキマスの漁獲高は年度によって変動が大きく、ある時、遡上してくるサツキマスの大半が体長40㎝以下の小型であったことがある。その原因追究の話題で、「長良川のシラメの放流量が多過ぎた結果、生息密度が高過ぎて大きく成長できないのではないか」と言われたことがある。これは、東北地方の三陸沖で捕れるサケの体長が小さいのは、放流量の過剰により生息密度が高いことに原因があるという報告に似ていると言われた。また、10年以上前に揖斐川河口域で捕れたというサツキマスの大半が体長30㎝程度であった時には「海へ降下していないシラメではないか」とか「放流密度が高いのではないか」とも言われたが、今となっては、詳細は分からない。初夏に、長良川でサツキマスの釣り人によく出会う。「普通は１年間に数尾釣れれば大満足ですよ」と笑っている。

河川環境の変化の著しい今では、長良川は全国的に見てもサツキマスが見られる数少ない河川の一つである。長良川においても近い将来、サツキマスが絶滅するのではないかという声も聞かれる。しかし、遺伝子保護のために人工孵化養殖アマゴの放流がやめられたり、シラメを優先して放流するなどの話を耳にしても、新しく生産されるアマゴの稚魚におけるシラメの割合が、徳山地区で見られるように長期間にわたってあまり変化していないという現実に出合った時には、サツキキマスの持っている形質の遺伝は強固な面があると思い知った。なお、魚類などの下等脊椎動物の顎上の歯の形は円錐形（牙状）であると一般的に言われている。しかし、詳細に見ると、顎骨の位置によってかなり異なっている。餌生物の大きさや硬さに対応したものと思われ、アマゴでは若魚以後、成魚が成長するまで円錐形で維持される。

2021（令和３）年の秋季に、揖斐川上流の徳山ダム湖で、大きなアマゴ（♀体長50㎝、♂体長60㎝）が採捕されたとの情報が、徳山ダム管理所からもたらされた。2000（平成12）年頃に、岐阜県白川村出身の友人から「富山県の黒部川にある黒四ダム湖の人知れず奥まった淵に、体長40～50cmのアマゴが群れて生息している」との話を聞いたことがある。当時は、話が少し大きいのではないかと思った。しかし、今回の徳山ダム湖でのアマゴの情報により、海洋生活の経験のない陸封された状況下でも、体長50～60cmの大型のサツキマス（アマゴ）が生息していることに疑う余地はないと感動した。アマゴ成魚（♂）の口を見ると、確かにサケ科魚類特有の歯が植立していた。サケの歯や吻（ふん）の形には雌雄差が見られることから、アマゴではどうかと疑問を持って、雄成魚と雌成魚で同様の比較をしたところ、同じ体長の成魚でも明らかに雄の方が雌よりも大きく、顎の長さも長いことを知った。河川に遡上したサケの場合と全く同様であった。繁殖期の生態に関係したものであろう。

木曽三川を遡上してくるサツキマスは、刺身、甘露煮、ムニエル、塩焼きなどにして高級魚の仲間として料亭に登場する。一般的に淡水魚は、自然河川で採捕された場合には、生（刺し身）で食べることはないとされてきたが、サツキマスの場合は、海洋生活を過ごしてきた直後であり、その範疇には収まらないと言われている。しかし、寄生虫の有無からだけの判断資料では、河川上流域の大型のサツキマスは、外観上は海から上がってくるサツキマス（アマゴ）と区別できないこともある。用語の整理が必要かもしれない。

しかし、このサツキマスを含めて河川の上流に生息するアマゴは美味で、釣り人の間ではその味はアユにも勝り、天下一品であると言われている。種としては、両者ともにサツキマスで、海での生活の経験のあるものをサツキマス、それが陸封されたものをアマゴと呼んでいるだけにすぎないのである。

(3) サツキマス（降海型）

前述したように、毎年11～3月に、長良川のほぼ全域に分布するスモルト化したアマゴのうち、一部は伊勢湾に入り、冬季の間に甲殻類、イカナゴ、カタクチイワシ、マコガレイの幼魚を腹いっぱい食べて、数カ月間で体長30～50cm、体重400～1200gに成長し、4～5月に河川に遡上する。河川に遡上した後、8月頃には婚姻色を呈するようになり、その産卵期は10月下旬である。

長良川に遡上したサツキマスは、河口から30～40kmの下流域で網漁によって採捕されて料亭にて利用され、岐阜市より上流でも釣りによって遊漁者を楽しませている。たいていの人は、年間に数尾釣れれば満足であると聞く。長良川では、上流へ遡上したサツキマスが夏季になると亀尾島川に入り、田口堰堤近くまで達して堰堤直下の水深2～5mの淵で姿が観察される。しかし、現在ではその数は著しく減少している。

30年ほど前、この田口堰堤によって遡上が阻止されているのは魚道に原因があるのではないかと言われて、魚道の効果について魚の移動の調査をしたことがあるが、アユ、アマゴ、オイカワ、ウグイなどの魚類一般の移動については効果的でなく、そこに居着いていないように思った記憶がある。一方、長良川支流の吉田川にサツキマスが遡上し、採捕されるという話も聞く。なお、春季（4･5月）になると、木曽川では河口から26km上流の馬飼頭首工の堰の下流で、体長25～40cmのサツキマスが、10～20尾群泳しているのが観察されることがある。時々、その群れの中にサギが飛び込んでサツキマスを突いているのではないかと思わせる光景を見ることがある。この場所は禁漁区に指定されているために、この指定区域の直下流においては連日、数人の釣り人が釣り糸を垂らしている。私は、長良川の岐阜県安八町～旧穂積町の地点で長い間、投網とタモ網による魚類生息状況の調査を継続してきたが、時には幸せなこともあった。体長50cm近いサツキマスが捕れたのである。二度も。一度は標本にしたが、もう一度は身体測定を済ませた後に口に入れた。その時の味は噂の通りであった。

伊勢湾から遡上してきたサツキマスの肉の色は赤身がかったピンク色を呈しているが、これはエビなどの甲殻類などを食べることによるのであって、サケの場合と同じ原因である。これによって海から遡上してきた証拠であるとも言われたことがある。しかし、ダム湖などで体長40cm以上に成長して、海へ降下した経験のないアマゴ、いや、サツキマスの肉も同じような色調であり、両者を比べても区別のつかないこともある。肉の色調だけでは、河川のアマゴか降海型サツキマスかの区別はつかない。

(4) アマゴの産卵床の創設 －イベント紹介－

アマゴ、ヤマメ、イワナなどのサケ科魚類は、水深10～20cm、流速5～15cm／秒の瀬や淵の下流端の小石や砂利の河床に、雌成魚が尾鰭を使って、注意しないと分からないほどの淀みを掘って産卵する。しかし、近年は河川工事、ダムや堰堤の建設、さらに森林の伐採や林道の工事などによって、河川環境が著しく変化したり、土砂が流入して、産卵場として適切な場所が少なくなっている。そのような場合に、人の手によってできる限り自然繁殖が可能なように助力しようという一つの方法が人工産卵床の造成である。本来、各河川に設置されている漁業協同組合には「増殖」の義務が課せられている。2021（令和３）年10月に、長良川支流の亀尾島川に建設中の内ヶ谷ダムの環境保全事業の一つとして、サツキマス（アマゴ）の産卵床造成による保全活動が実施された。地域共同による水生生物調査、保全、環境教育をダム建設後も継続しようという趣旨で行われた。そこには、郡上市立大和西小学校（4～6年）26名、郡上漁業協同組合、岐阜県水産研究所、岐阜県淡水魚類研究会などが参加した。このような活動は県内各地で行われているが、継続させることが大切である。

幼少時代に何らかの行事などで経験したことは長く記憶に残っている。アマゴ、イワナの産卵床を造成するイベントに参加して、その経験が後日、その人の一生のどこかで甦るとすれば、この産卵床の造成が、次年度にアマゴが増加していたことに結び付く経験や情報を耳にするようなことがあるとより現実的になる。増殖の検証も大切なイベントの一部であると思う。

写真から見たサツキマスの一生（写真と解説）

図103　体長20～30㎜の稚魚。産卵床を離れて岸近くの浅瀬の水草、石および木の枝葉等の陰で生活する。

図 104　体長 20㎜のアマゴ稚魚の下顎骨上には、形成歯（機能歯）が植立して小型の水生昆虫（ユスリカなど）を食べる。歯骨と骨性結合をしている形成歯の間に歯胚も確認される。

図 105　体長 30㎜以上のアマゴ稚魚。草陰やブロック陰を離れて単独生活を行う。

図 106　成長した銀毛アマゴ（スモルト）。揖斐川上流域におけるアマゴのスモルト化の割合は毎年大きな変動は見られない。

図 107　揖斐川上流・塚地区のアマゴ産卵場

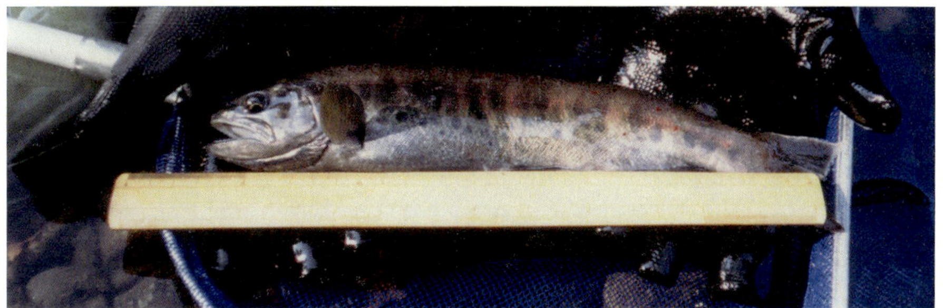

図108　アマゴの成魚（上・下）

図109　徳山ダム湖内で採捕されたアマゴ♀成魚（サツキマス）

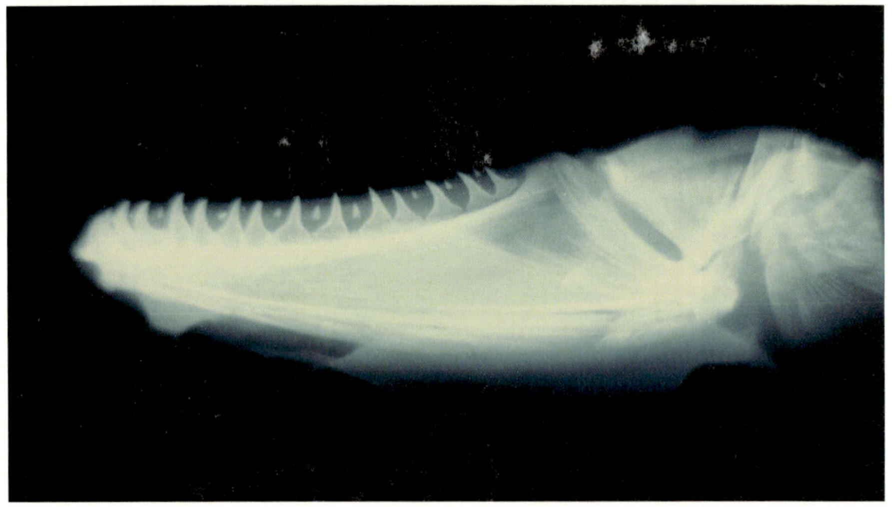

図 110　アマゴ成魚の上顎（上）と下顎（下）。魚類の下顎は歯骨（歯の生えている骨）と関節骨から構成される。

図 111　伊勢湾から５月に長良川を遡上したサツキマス（成魚）

図 112　サツキマスの腹側面をよく見ると、朱点が見えることからアマゴの成魚であることがわかる。

図 113　長良川支流の亀尾島川（田口堰堤の下流）を遡上してきたサツキマスの見られる淵

図 114　田口堰堤に設置された魚道

図 115　亀尾島川の内ヶ谷ダムの建設予定場所でのアマゴ産卵床の造成イベント。設置場所（上）と小学生への説明会（下）

揖斐川上流の白谷の上流域における河川水深は降雨があってから1時間の間に図116→図117と、順に状況が変化する。つくられた水溜まりにはカジカは残るが、アマゴは早く姿を消す。

図116

図117

図118

図 117-1

図 117-2

図 117-3

図 117-4　上・下の堰堤によって区切られた河川内で、図 117-1 →図 117- 4のような環境が形成されている区域ではアマゴの一生は全うされる（産卵→孵化→若魚→成魚→産卵）。

図 119　アマゴ成魚♂の口部（サツキマス体長 55㎝）　徳山ダム管理事務所より提供

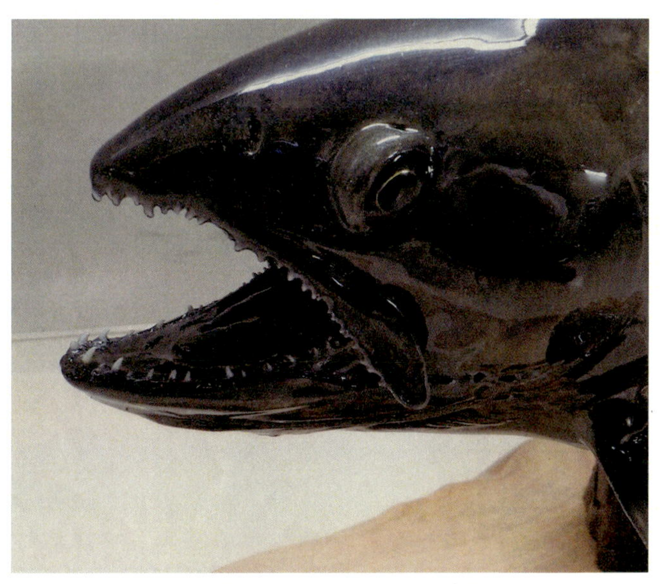

図 120　アマゴ成魚♀の口部（サツキマス体長 50㎝）
徳山ダム管理事務所より提供

図121　アマゴ成魚（サツキマス）♂成魚（手前・大きい）、♀成魚（後方・小さい）
徳山ダム管理事務所より提供

7　カジカ

(1) はじめに

昭和40年代前半からしばらくの間、河川、特に岐阜市や大垣市内の長良川下流域での魚類調査においては、全くと言ってもよいほど見かけなかったが、最近ではほぼ日常的に見られるようになっている魚類がいる。その代表的な存在として、カジカとアユカケが挙げられる。1976（昭和51）～1986年の10年間、長良川河口から37㎞上流の岐阜県大垣市墨俣町での40回に及ぶ魚類生息状況調査において、カジカが採捕確認されたのはわずか数回のみであった。しかし、地元（岐阜市）の古老の話として、昭和前半期には長良川で捕れたカジカの卵魂を正月料理の代表格である「数の子」の代用品として食べたことがあると、一度ならず聞かされた。カジカの産卵は、2月頃に岐阜市内の長良川で行われるが、旧暦の正月の話として聞けば信頼性があると思った。長良川下流域の住民が正月の限られた時期に食卓にのせるには、かなり大量の卵塊が入手できたのだろうと推測されたと同時に、当時のカジカの生息量は相当なものであったのだろうと思われた。

年月が経って1990年代前半になると、長良川下流におけるカジカの採捕量が年々増加し、1993（平成5）～1995年に一大ピークを迎えて、それ以後は急激に減少した。その後、現在まで、以前のピーク時のような状況は確認していない。しかし、20～40年前のような状況ではなくわずかではあるが、ほぼ安定した生息状況である。このことに関連して詳しく後に述べる。

以上に少し述べたカジカは、一般的に「カジカの2型（大卵型と小卵型)」のうちの後者である。前者の大卵型はいわゆるカジカの陸封型で、一生を河川の中・上流域（淡水）にて生活する。小卵型は河川の下流域で冬季に産卵･受精し、仔魚は孵化直後に海に下り、伊勢湾で体長20㎜ほどに成長して春季に遡上してくる。

（2）カジカ（小卵型）の一生

小卵型カジカと称されるカジカ（ウツセミカジカ）について、長良川に生息するカジカの一生に関して述べる。まず、カジカ小卵型とはどのような魚類であるか。「冬季に河川の下流域で産卵・孵化し、その仔魚は孵化直後に海に向かって降下し、しばらくの間、沿岸域で浮遊生活をするが、やがて底生生活に変わり、4～5月に河川を遡上し、下流域に到達、定着をして一生を終える、と言われる。そして、河川の上流域に生息する大卵型との違いに関しては、①卵径がやや小さい、②胸鰭条数が大卵型で12～14本であり、小卵型では15～17本である。そして、③大卵型は小卵型よりも上流に分布する、と言われている。常日頃から、「自分で語る事がらは、自分で確認･実証したことに限定する」ことをモットーにしているが、そのような気持ちで、長良川の長良橋から穂積大橋の区間で採捕したカジカを全て、上記の②と①でもって確認してみた。

1992（平成4）～1993年の夏季に、長良川・岐阜市岩田地区から藍川橋の瀬で、カジカ成魚（体長60㎜以上）を3地点に区分して採捕し、その胸鰭条数を比較してみた。その結果は実に楽しかった。偶然と言えるかもしれないが、わずか200ｍの間隔を空けての採捕群で、両者が混合して採捕された事実は見られなかったのである。その時の標本の数は上流部で8尾、下流部15尾であった。気持ちはともかく、事実として、「自然界にはこのようなこともある」

と理解することにしている。

なお、アユでも同じことが言えるが、岐阜県内の河川では、カジカ小卵型の生息は、直接伊勢湾に河口を開いている木曽三川（木曽川・長良川・揖斐川）のみで見られる。日本海に流下する河川に生息するカジカは、岐阜県を流れる間に急峻な山地やさまざまな人工構築物を越えなければ、岐阜県内に遡上・到達する可能性が極めて低いことから、県内の日本海側には大卵型のみで、小卵型は分布していないと判断している。

2010年以後、毎年2月になると、長良川においては岐阜市の大縄場大橋下流の瀬において、直径20～30cmの浮き石の下にカジカの産卵が確認されている。この卵塊は、石の下流にタモ網をあてがってその石を移動させると、堆積していた木の葉や枝と一緒にタモ網に入ってくる。しかしその数は少なく、2時間ほどの間に1個見つかれば良しという感じである。その卵塊を見るたびに、昔は"数の子"の代用品として食べるほどいたのか？ と思い、その変化に驚く。

孵化した仔魚は、川の流れに従って伊勢湾を目指して降下していく。真冬に、この降下仔魚を採捕しようと瀬の下流でタモ網を置いてみるが、なかなかうまくいかない。伊勢湾にたどり着いた仔魚は、約1カ月間の浮遊生活をして、やがて底生生活に入る。河口堰の堰堤下流側で、コンクリートの壁をタモ網でなぞると、体長10mm前後のまだ十分色素の沈着していない白っぽい透明な仔魚がたくさん捕れる。さらに4月になると、右岸魚道の底面の石の下、草の陰、さらに段差の陰などで、引き潮から身を守るようにして隠れている個体がタモ網で捕れるようになる。カジカの稚魚の遡上が始まったのである。おそらくアユやウナギの稚魚と同様に、河口近くでは潮の干満を利用して少しずつ上流へ移動しているのであろう。

干潮の時に、ゼミの４年生や大学院生と一緒に、タモ網を用いて長良川河口堰（三重県桑名市）の魚道を遡上するカジカ稚魚を採集していると、調査日によって各個人の採捕尾数が異なる。それぞれにどこで捕れたか？　と問うことにしている。「魚道の底面はコンクリートですが、そこにある指先ほどの小石の下や、深さ１cmほどの凹みや亀裂の陰で捕れます。ちょっとした環境が大事なのですね」との返事があった。私は嬉しくなって、よく気付いたね！　と話が続き、その院生は身を持って微環境の大切さを知り、貴重な体験をしたと感じた。このような環境は、決して人が意識してつくったものではなく、自然の力でできたものであり、生物にとって大切であると思われるので、「ちょっとした人の助力、例えば、石ころを１個でもコンクリートの川底に置くようなことでも、より良い生物の生活環境の創出に寄与するのである」との解説を加えた。

次に、私が経験した中で、木曽三川においてカジカ稚魚の遡上活動が活発であった1990年代の状況を紹介する。前述したように、1980年代は長良川においてカジカ稚魚の姿を見ることは極めて稀であった。しかし、1992年から状況が一変した。長良川河口から36km上流（岐阜県安八町）地域で、1992年１月から1996年１月までの５年間、具体的には1992年６月２日（水温21℃）、1993年５月30日(22℃)、1994年４月10日(24℃)、1995年５月26日(22℃)に、タモ網で30分間、１人で自由採集によって採捕された尾数の変動は、1992年を1.0とすれば1993年は5.8、1994年は4.4、1995年は7.5であり1995年には急激な増加を示した。そして、この傾向は揖斐川（大垣市万石地区）でも同様であった。しかし、1996年以後は驚くほど急激に減少した。このような自然界における変動は、われわれの予想を超えるものであることを体験することがある。

これらの調査結果を総合的に見た時に、いくつかの自然現象の不思議というか理解に苦しむ情報に出合うが、今回もこのことに興味が湧いた。しかし、1992年の増加の理由、そして1996年以後の減少の理由が、なかなか納得のいくようなものが浮かばないのである。情報がないのである。最も安易に考えられる理由は、長良川独自の原因があるのではと考えることであるが、このことはすぐに否定された。なぜなら、揖斐川でも同様の傾向が見られたからである。それ以後、揖斐川、長良川、そして庄内川での結果を比較してみたが、どの河川でも同じ傾向なのである。アユの遡上量も調べているが、調査年度による差異は一般に大きく、1～20倍の変動があることをいつも頭に置いている。何となく「海産遡上アユの遡上量の年変動は極めて著しく、これは実証されてきているが、その変動要因は単一的ではなくて多岐にわたる」との一般論の範疇に収まっている。なお、岐阜県安八地区（河口より36km上流）で採捕された遡上稚魚の体長は、1994年5月以後に遡上してきた稚魚において、それ以前に遡上してきたものに比べて明らかに小さくなっていた。そして、このことは同地点における流速が1994年5月以前（20～30cm/秒）に比べて、それ以後（10～25cm/秒）では明らかに弱まり、潮位差は20～30cmから50～80cmに変化したことに関連しているように思われた。すなわち、長良川下流域～河口の流速が遅くなった1994年以後は、遡上するのに要する時間が短縮されたために、体長の小さな遊泳力の小さい個体が多く遡上してきたのではないかと思われた。そして、この現象は長良川下流域における河床の浚渫工事による影響により生じたものとの推定に至っている。いずれにしても、1994年および1995年の4～5月には、安八町地内の長良川の平瀬を大げさに言えば、足の踏み場もないほどの量のカジカ稚魚が上流に向かって遡上していたのである。そして、そのような光景は、それ以後は全く観察されていない。手当たり次第に川底をタモ網ですくうと、多い時には１回で４～５尾、少なくても１～２尾は捕れたのである。このようにして遡上してきたカジカ稚魚は、岐阜市大縄場地区の早瀬にたどり着くと、順次定着して、そこで成長する個体が出現する。餌は動物性で、主として水生昆虫などを食べる。さらに一部は上流へと向かうが、その上限は年によって異なるが、岐阜県関市保戸島辺りと思われる。

2020（令和２）年時点では、木曽三川におけるタモ網による採捕状況はほぼ似通っている。その採捕量は、タモ網にて１尾を捕るのに20回以上を要する。最盛期の1割以下ということになるだろうか。なお、その遡上量は木曽三川で比較すると、大まかに見れば揖斐川が最も多く、次いで長良川・木曽川の順だろう。

小卵型カジカの遡上する河川は、木曽三川（木曽川・長良川・揖斐川）本流およびその支流である。長良川では岐阜市～関市周辺にまで遡上して、そこで一生を終えるが、木曽川では岐阜県各務原市（犬山頭首工下流）まで遡上し、揖斐川では大垣市まで遡上し、途中、支流の牧田川に多く遡上する。

なお、1992～1996年における大垣市墨俣町の長良川でのカジカ稚魚の遡上活動は、本種を理解するのに大いに役立つと思われるため、次にその内容を紹介するが、一部、重複することがある。

1992～1996年の期間に、長良川河口より上流36km（岐阜県安八町）および48km上流（岐阜市島田地区）にて、カジカ稚魚の遡上活動について、タモ網を用いて調査する機会〈遡上量（尾数）、体長（標準体長）、水温、遡上する場所（通り道）、食性（消化管内容物）遡上カジカの定着場所など〉を得た。具体的内容の概略を示すと以下のようであった。

1）調査期間、調査場所、調査方法

1992年1月～1996年1月(5カ年)に、長良川河口から上流36㎞(岐阜県安八町）A地点および48㎞上流（岐阜市島田地区）B地点で、タモ網を用いての1人調査(本人)による30分間自由採集を行った。同時に水温を測定し、カジカが遡上する場所を記録した。標本の一部は、研究室に持ち帰って、顕微鏡下で消化管内容物を調べた。

2）調査結果

① 遡上量（尾数）の変化

タモ網にて1人（30分間）自由採集により採捕し、その尾数を記録した。

まず、稚魚の採捕尾数（遡上量）は、1992年は最も少なく、その年の採捕尾数を1.0とすると、1993年は5.8倍、1994年は4.4倍、そして1995年は7.5倍であった。1976～1986年の10年間に、河口より37㎞上流地点では、40回の調査で数回（尾）採捕されたに過ぎず、さらに1996年には全くと言っても過言ではなく、同様の調査、すなわち、タモ網による採捕では、30分間で1～数尾であった。それ以後も変動はなかった。

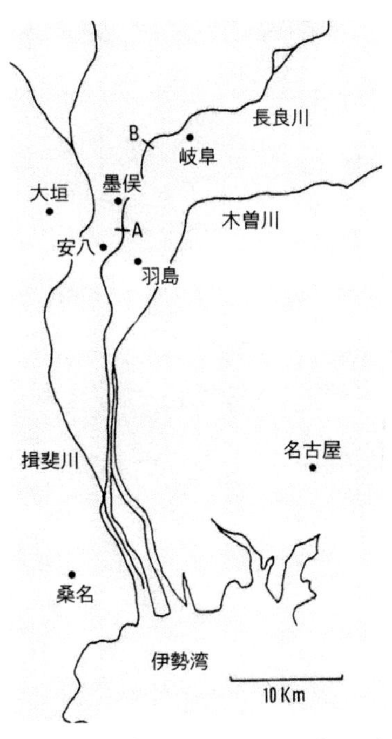

図122　長良川を遡上するカジカ稚魚の生息調査地点A（岐阜県安八町河口より36km上流地点）および地点B（岐阜市島田地区・河口より48km上流地点）を示す。

② 遡上活動と水温

1992年4月上旬から6月上旬まで遡上が見られたが、この期間、遡上活動にほぼ変化は見られなかった。1993年は4月中旬、1994年は4月下旬、そして1995年は5月中旬に明確な遡上活動のピークが観察された。しかし、カジカ稚魚の遡上活動は4月に始まって、6月下旬には終わることは、1992～1995年で共通であった。遡上活動の活発な時期の水温は1993年が16.0℃、1994年が17.0℃、そして1995年は16.5℃であった。すなわち、カジカ稚魚は河口より36km上流地点に4月上旬・水温12℃の頃に現れて、水温16～17℃の頃に遡上のピークを迎え、6月下旬・水温22℃を超える頃に姿を消し、その年の遡上活動が終了する。

③ 河口より36km上流地点の自然環境

河口より36km上流地点（A地点）は、河床が砂利で、岸近くは砂・泥で構成され、干潮時や平常時は上流から下流に流れているが、満潮時には逆流して、その時の最大潮位差は約50cmである（現在は河口堰の影響で、このような潮位差は見られない）。カジカ稚魚は、河床を這(は)うように遡上して、小さな石や水草などの流れを止めるような物体があれば、そこに身を潜めて、少しずつ上流へ移動する。カジカ稚魚が最も多く生息している場所は、河床流速が10～18cm/秒、水深30cm以下、河床が砂泥で構成されている所である。

なお、岸に最も近く、泥の比率が高い、流速0～8cm/秒の場所はヨシノボリ類が多くを占めていたが、岸からさらに離れた河床が小石・砂利で、河床流速20～23cm/秒、水深40cm以上の場所では、アユカケが多く観察された。

一方、岐阜市島田地区（B地点）では、カジカが年間を通して確認されたが、河床は直径20～30cmの浮き石で構成されており、石と石の間には砂利や小石が見られた。この場所は、表層流速80～120cm/秒であり、浮き石の下流部では流速3～20cm/秒であった。

④ 河口から36km上流（A地点）のカジカと48km上流（B地点）のカジカは同じか

1993年4月上旬にA地点で採捕されたカジカの椎骨数は平均36.0個、範囲34～37個であり、胸鰭条数は平均15.8本、範囲15～18本であった。一方、同年6～8月にB地点で採捕されたカジカのこれらの数値と比較したところ、全く有意差は見られなかった。すなわち、B地点で採捕されたカジカは、少し前にA地点を通ったカジカと同じであることが確認され、A地点およびB地点で採捕されたカジカ稚魚は、ともに両側型（ウツセミカジカ、小卵型カジカ）であった。

⑤ 遡上カジカ稚魚の体長

1992年および1993年の4月上旬に、河口から36km上流（A地点）にて採捕された遡上カジカ稚魚の体長は18.0～25.0mmであり、遡上開始から1カ月間は、その体長はほとんど変化が見られなかった。しかし、5月に入るとやや増加し、体長23.0～35.0mmとなり、5月下旬以後は体長28mm以下のカジカ稚魚は見られなくなった。

1994年4～5月の期間にA地点で採捕された稚魚の体長は、1992年の4～5月に採捕されたカジカに比較して明らかに小さく、体長17～20mmの稚魚が著しく増加していた。

1995年5月にA地点にて採捕されたカジカの体長は、同年4月に採捕されたカジカと比較して有意差は見られなかった。なお、同年４月に採捕されたカジカの体長は、1994年４月のものと比較すると、有意に小さいことが分かった。すなわち、1994年５月以後に遡上するカジカは、それ以前の同時期に遡上してきたカジカよりも明らかに小型化しているのである。

遡上カジカの体長の小型化が顕著になった1994年５月以後とそれ以前の同地点における流速は20～30㎝/秒から10～25㎝/秒、さらに潮位差は20～30㎝から50～80㎝に変化したが、これらのことは、小型化カジカの遡上活動に何らかの影響を及ぼしていると考えられる。

⑥ 遡上カジカの消化管内容物

４月～５月に河口から36㎞上流（A地点）および48㎞上流（B地点）で採捕された遡上カジカの消化管内容物は次のようであった。

A地点（体長18～22㎝、36尾の稚魚）

・ユスリカ幼虫（36尾中36尾、100％）

ユスリカ頭部の数：平均6.63、頭幅：0.26㎜、

未消化の全身ユスリカの最大体長7.70㎜

・カゲロウ幼虫他（36尾中12尾、33.3％）

・ケイ藻類（36尾中36尾、100％）

ケイ藻の数：全個体10個以上

B地点（体長35～40㎜、10尾の稚魚）

・ユスリカ幼虫（10尾中10尾、100％）

ユスリカ頭部の頭幅：A地点よりもかなり大きい

・ケイ藻類（10尾中10尾、100％）

・緑藻類（10尾中9尾、90.0％）

カジカの食性は通常、動物性であると言われている。しかし、今

回の観察で、植物性プランクトンが大半の個体の消化管内に認められたことにより、遡上期のカジカ稚魚は食物として利用している可能性があることが知れた。

⑦ 渇水時のカジカ

1994 年 8 月には猛暑が続き、長良川の水位が著しく低下し、岐阜市内でも例年の水温は 25 ～ 27℃であるが、その年は 30 ～ 33℃であった。

８月下旬に、10 × 10㎡の面積内で、石の下・木の枝や葉の陰において、体長 40 ～ 60㎜のカジカ若魚の死体が確認された。この地域には通常、オイカワ、ウグイ、フナ、アユ、ニゴイなどの浮遊魚やヨシノボリ、チチブ、カマツカ、アジメドジョウなどの底生魚が生息している。しかし、これらの魚類の死体は確認されなかった。アジメドジョウは、基本的には大・中河川の上流域に生息していると言われているが、近年は岐阜市内の長良川でも常時観察されている。このアジメドジョウの死体は全く確認されなかったことから、カジカは 30℃以上の高温に対する抵抗力が、アジメドジョウに比べて小さいのかもしれない。なお､この２種(カジカとアジメドジョウ）の長良川における定着場所の下限が共通していることも興味がある。

以上、多くのページを割いてやや詳しく長良川下流域におけるカジカ稚魚の遡上活動について述べてきた。なお、1995 年以後、2023 年までの期間、同様の状況は観察されていない。次回のカジカの大規模な出現がいつ現れるかについては、極めて関心がある。

(3) カジカ（大卵型）の一生

本種は、岐阜県内を流れる大・中河川の上流域の本川、支川の至る所に生息していると言っても過言ではない。毎年３月下旬～６月頃に、早瀬の石の下面に産卵し、孵化した仔魚はやがて、そこから川岸の河床が砂利で水深数cmの浅瀬や小さな淀みに生息場所を移す。この時期のカジカはやや群れており、体の色調が砂利とよく似ているが、じっと川底を見ていると少しずつ動くので、容易に発見できる。そこでは、小さな水生昆虫などを食べて成長する。採捕するのに、通常のタモ網ではなく絹タモ網を用いる必要がある。

体長20～25mmに成長すると、徐々に岸から離れて平瀬に進出する。さらに、餌は次第に大型の水生昆虫に加えて河畔林からの落下昆虫や魚の稚魚などに広げて、さらに成長して成魚になる。

カジカの生息する河川は、同じ底生魚のアジメドジョウとは少し異なって、川の大小すなわち川幅の大きさに影響されずに、広範囲に生息する。さらに、出水などの時にも大きな石・岩、さらに樹木の枝や落葉などの陰に潜んで、下流に押し流されることなく、比較的移動範囲が狭い。30年ほど前に砂防堰堤などを構築する場合に、堰と堰の間隔をどの程度に考えるのが適当であるかという課題があった。その時、揖斐川上流の大小さまざまな谷川（小河川）や横山ダム、木曽川の丸山ダム湖などに注ぎ込む小河川において、堰と堰の間の距離とその区間の環境や魚類の生息状況を調べた。間隔の狭い場合と広い場合で、そこに生息する魚類の種類構成がかなり異なり、ある一定の距離を境にして生息している魚類が変化する。狭くても、その場所で一生を過ごす代表的な魚類がカジカであったように思う。このようなことは、河川工事などを行うに先立って、魚類の保護を考える時に考慮すべき一例である。

ダム湖に流入する大小さまざまな河川・谷で魚類の生息状況調査をしていると最も広範囲で生息しているのはカジカであり、次いでカワヨシノボリである場合が多い。カジカしか見られない谷・支流では、環境を調べる対策を検討する際には現状の変化を極めて小さくすることに注意せねばならない。

揖斐川上流（現在は徳山ダム湖）に流入している谷の一つに白谷という谷がある。この谷の上流域は石灰岩で構成されており、そこを流れる水量は比較的容易に降雨量の影響を受ける。数時間のうちに膝まであった水位が低下し、河川内は石（径0.5～1.5 m）と石の間に水溜まりを残すのみとなる場面に何度か出合った。その時、一つのテーマが浮かんだ。「この堰と堰の間の魚類の行動と水位（水量）の関係を見る」ということで、その作業に入った。平素はそこにアマゴ、アブラハヤ、そしてカジカが生息しているが、水が減少した時にできた水溜まりに生息しているのはカジカのみであった。この結果は6回の調査全てで同じであった。また、同じく支流の磯谷が、工事用道路の構築の際に、数十ｍの範囲で谷川が分断されて、水は水溜まりに限定される場面に出合った時に、その水域に生息する魚類の種構成を投網、タモ網をフルに使って調べたことがある。当然、そこは平素の生息魚類相の調査地点であったから、水溜まりに閉じ込められた魚種との関係が比較できたのである。

この水溜まりには、ニホンアカハライモリと数尾のアマゴ、そして多数のカジカがいた。このような経験からも、カジカの生活習慣の一端が知れたように思う。さらに、揖斐川上流の横山ダムに流入する川幅1～2ｍ程度の谷川で、12～1月の積雪の中をしらみつぶしにタモ網で魚類相を調べたことがある。谷の長さは200～300

mで、川底は砂利と木々の切れ端や落葉でやや深い淀みが点在している。枝や落葉の下を探ると、カジカがかなりの頻度で採捕された。他には時々、カワヨシノボリがタモ網に入ったが、それ以外は皆無であった。アジメドジョウの生息にも関心を持ったが、全く確認されなかった。また、これらの谷は、数mの滝を介して横山ダム湖に流入しており、魚類が湖内と行き来する可能性はないと思われる。資料の関係上、ダム湖建設以前の魚類相を推測することはできないが、建設から50年以上経過した現在、カジカとカワヨシノボリが生息していることから考えれば、この2魚種は出水や河床の変動などに対する抵抗力がかなり強く、種の特性とも思われる。

美濃市の長良川で登り落ち漁を行使している人に、採捕できた魚類を見せてもらったことがある。その中に体長15㎝を超えるカジカが数尾入っていた。採捕地点から、大卵型に属するものと思われた。長年、岐阜市内の長良川で魚類を見てきたが、これほど大きなカジカを見たことはない。大卵型カジカでは最大級のものと思われる。カジカはゴリ料理として多くの人に親しまれ、塩焼き、天ぷら、鍋物、さらに甘露煮として食される。さらに、カジカ料理は将来にわたって有望だとの話を聞くが、人工孵化養殖も行われている。

写真から見たカジカの一生（写真と解説）

毎年、1月下旬から1カ月間、長良川（岐阜市）の早瀬に入って、径が20～30㎝の石を上流に向かって足で動かすと、魚の卵塊が木の葉や枝などとともにタモ網に入る。カジカの卵塊である。孵化した仔魚はその直後に、流れに乗って伊勢湾に流下する。数カ月間、湾内で過ごした後、4～5月にかけて体長約15㎜の稚魚は溯上を開始し、岐阜市まで達して、夏季には40～50㎜に成長する。3～4年で成熟して産卵・受精を行う。これらはいわゆる小卵型カジカである。
　岐阜県内にはその他に、山間部の中・小河川の中には冬季に産卵して、5月頃に平瀬の岸寄りの浅い淀みに稚魚が出現する、いわゆる大卵型カジカが生息している。小卵型カジカよりも形態形成が進んだ状態で孵化する。

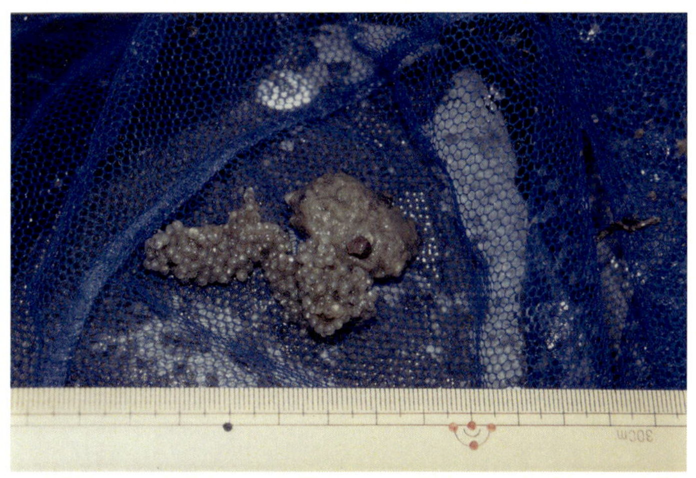

図123　カジカ（小卵型）の卵塊（上）および長良川の産卵場（大縄場大橋下流の平瀬）（下）

図124　長良川河口堰のせせらぎ魚道を通ってカジカ稚魚が遡上する。

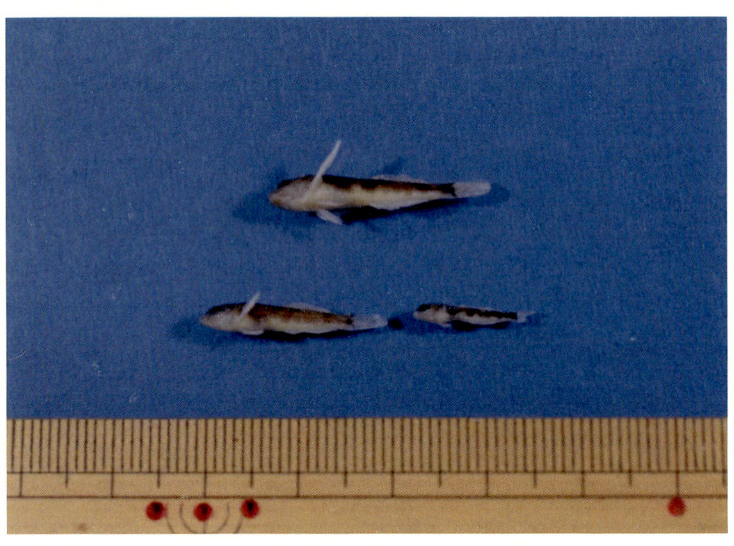

図125　長良川下流域を遡上する稚魚（上・下左）および河口堰の魚道を遡上する稚魚（下右）。体長は変異が見られる。

図 126　長良川の岐阜市 B（183 ページ図 122）に遡上するカジカ稚魚。体調は大きくなっている。

図 127　揖斐川上流の支流・白谷におけるカジカ卵塊（大卵型）

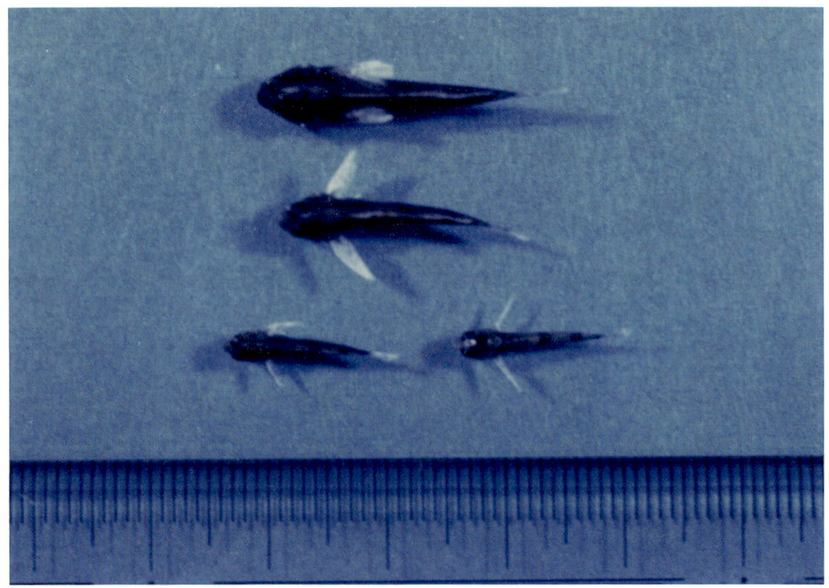

図 128　揖斐川上流の支流・白谷の風景（上）。生息するカジカ（大卵型）の稚魚期の魚体は小卵型の稚魚よりも発達が進んでいる（下）。

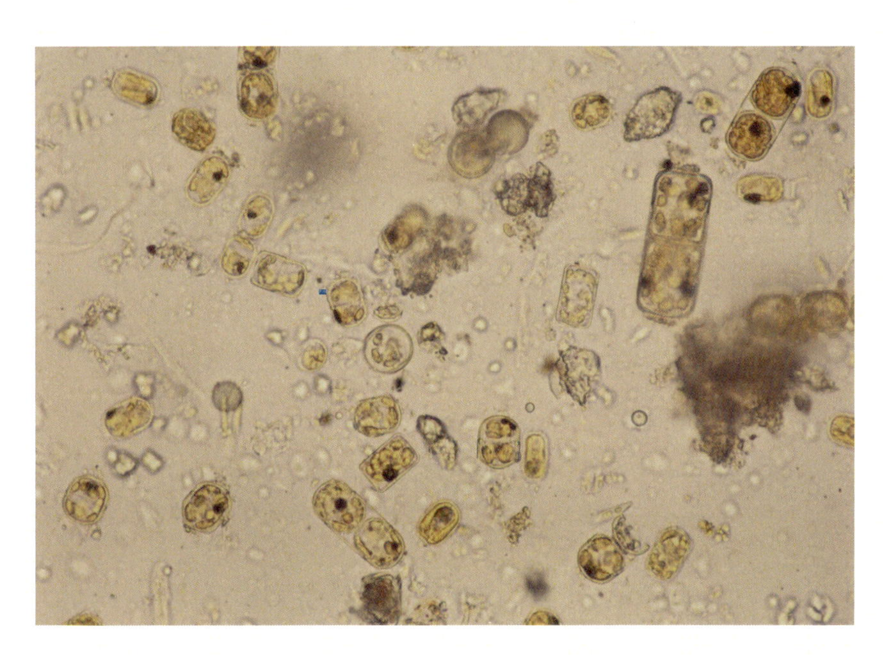

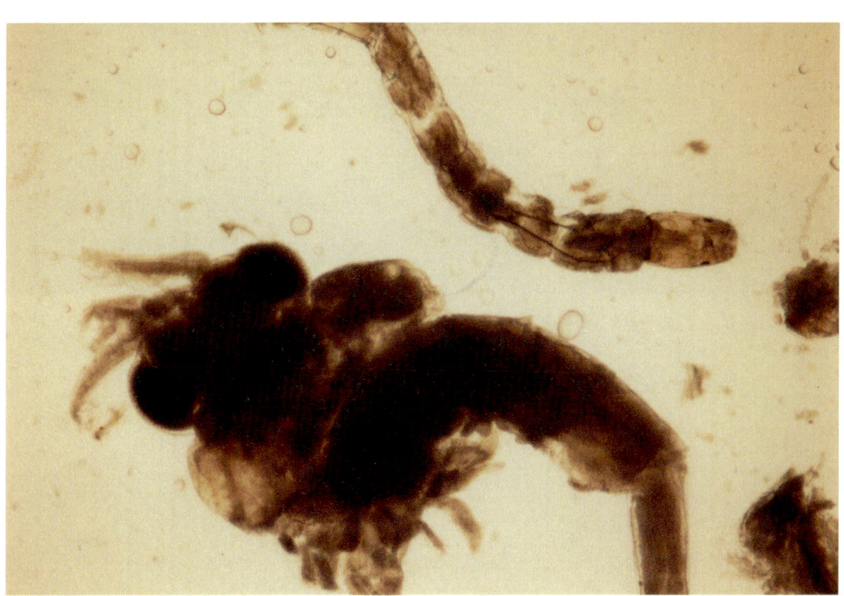

図 129　体長 30 ～ 40㎜の若魚の消化管内容物。藻類（上）や水生昆虫（下）が見られる。

図 130　揖斐川上流の支流・磯谷には多くのカジカが生息していた。

8　ナマズ

(1) はじめに

岐阜県内の湖沼、大・中・小河川の中・下流域に広く生息する。春季になると行動が活発になり、大河川から小・中河川に移動してくる。体長50～60㎝の成魚が川幅10ｍ以下の河川に繁殖のために侵入してくるが、これを目的にナマズ釣りをするとよく掛かる。しかし、最近はその河川に堰堤が建設されて、産卵のための細流や水田への遡上ができなくなっている。

長良川などでも従来は産卵･孵化は水田や小川で行われていたが、近年は本川（長良川や揖斐川本流など）で行われるようになった。そのために仔・稚魚が本流に出現している。食性は仔・稚魚から成魚期までの一生肉食であり､特に夜間に活発に小魚などを摂食する。

木曽三川などの下流域では淡水魚の生息状況は悪化しており、遡上魚のアユとコイ科魚類の生息しか確認できない場合も多くなっている。しかし、岸側のワンドや消波ブロックなどの陰にナマズの生息が確認されることがある。目視観察を行ったり、カニ籠やはえ縄を設置すると他の魚類よりも掛かる頻度が高い。

(2) ナマズの一生

ナマズの産卵は５月頃で、その卵の色は黄緑色で鮮やかである。これらの卵は、以前は水田で産卵・受精が行われたために、水田の泥の上に泥にまみれた受精卵が転がっていたり稲の茎に付着していたりする状況をよく見た。しかし最近は、大・中河川のほとんど流速のない下流域で産卵することが多く、この場合に卵は付着性があるため水草の葉や茎に産み付けられる。孵化は産卵・受精後2日未満で行われ、仔・稚魚はいきなり外敵の多い環境に出現することになる。以前、木曽川・旧岐阜県川島町内に国土交通省の人工河川が実験用に建設された時に、5月下旬～6月上旬に頭部の大きなオタマジャクシのようなナマズの稚魚が水草の中や淀みに多数生息しているのに出合った。その数は莫大であり、ナマズの産卵習性を通して木曽川本流との関係を知るのに良い資料になったことを覚えている。稚魚はやがて成長し、生活場所を本流全域に拡大し、成魚に至る。

前述したように、一生を通じて肉食性であり、川を泳ぐ魚以外にもカエルなども捕食する。口の形を見ると下顎がやや上顎より出っ張っていて下方から餌を捕るのに好都合なように見える。また、口腔内に生えている小歯の数は9,000本に達しようかとするほどであるが、これらの歯は歯尖を咽頭方向にやや傾けて、口に入れた餌生物は絶対に逃さないように見受けられる。大学の近くに熱帯魚店があり、そこの店主と知り合いであったので、外国産のナマズ類をよく実験材料に分けてもらった。ナマズの口に生えている歯は肉食性の特徴をよく示しており、学生はその歯数を数えるのが楽しそうであった。

ナマズの受精卵を入手するにはどうすればいいか？　と悩んでいる時に、一般に動物の性成熟を促すにはホルモン剤を使用するという話を聞いたので、そのホルモン剤を購入して試してみた。何はともあれ、手筈を整えることができたので、孵化を待つことにした。ナマズの孵化は速いと聞いていたが、予想よりも速く、2日過ぎた頃から始まった。孵化仔魚の数が数十尾に達した頃に、調査の関係で数日野外に出かけた。今思えば、この油断が大きなミスに繋がった。本種が肉食性で共食いをすることが頭から欠落していたのである。数尾を残して孵化仔魚は消えていた。この経験は、後日のナマズの繁殖実験に大きな教訓を残してくれた。個体別の飼育を基本にすることを学んだのである。本種が食欲旺盛でどう猛であることを、身を持って知ったのである。だからこそ、ナマズは比較的釣りやすいし、置き針にも掛かりやすいのである。

最近、木曽三川には生息魚類が少なくなっていると聞くが、現時点では淀みの中や消波ブロックの隙間などで比較的容易に観察できたり採捕できたりする。具体的には、次のような気になる場面に出合うことがある。木曽川本流の消波ブロックなどが設置されている所で、オオサンショウウオの生息調査の一環としてカニ籠を設置することがあるが、その時に、ナマズ成魚がカニ籠で捕獲されることがかなり高い頻度で生ずる。他には、アカミミガメ、スッポンなどで、他の魚はほとんど見ない、さらに、オオサンショウウオの餌生物としての魚類の生息調査を同時に行うことがあるが、極めて魚類の生息量の少ないことに驚く。

次に気になるのは、ナマズやオオサンショウウオの今後である。餌条件が充分でないと、その影響は直接、捕食者（ここではナマズやオオサンショウウオ）に及ぶ。このような状況に接すると、河川に魚類が全般に少なくなっていることを痛感する。共食いだから生き残っている……ということになれば、極めて悲しいことである。このようなことが現実に起こらないように願うが、木曽川の一部では、その気配が現れている。

本種は身（肉）が白身であり、煮たり、蒲焼きにすると極めて美味であり、人によってはウナギの蒲焼きよりも好きと言う。また、食物栄養科の学生に、ナマズ料理を考えてくれるように依頼したところ、極めて美味なクリーム風のコロッケを試作してくれたことがある。岐阜県内の道の駅で定食の一品に加えてもらったことがあるが、商品化を考えた場合にナマズ自体の供給が安定しないという不安があることも知った。

野外調査によく同行してくれる友人の小椋郁夫さん（現名古屋女子大学教授）は毎年、春になると、長良川に注ぎ込む中河川の河口近くへナマズの親を釣りに出かけるが、必ず体長40～60cmの親魚を数尾持ち帰ってくる。その川は幅３～５ｍの三面張りであるが、ナマズの習性は昔と変わらず、上流の田や小川を目指して遡上してくる。彼はそれを知っていて出かけるのであるが、釣ったナマズは知り合いの料理店に持ち込んで蒲焼きなどに調理してもらって、春の到来を楽しむのである。

写真から見たナマズの一生（写真と解説）

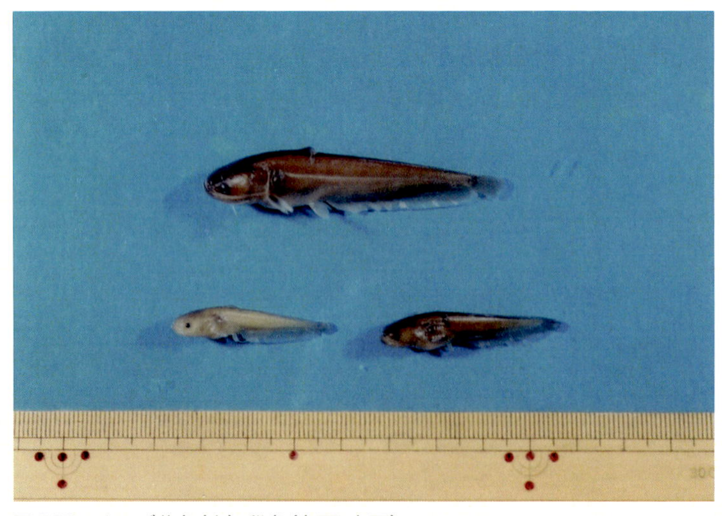

図131　ナマズ若魚（上）、稚魚（左下・右下）

図 132　ナマズ未成魚

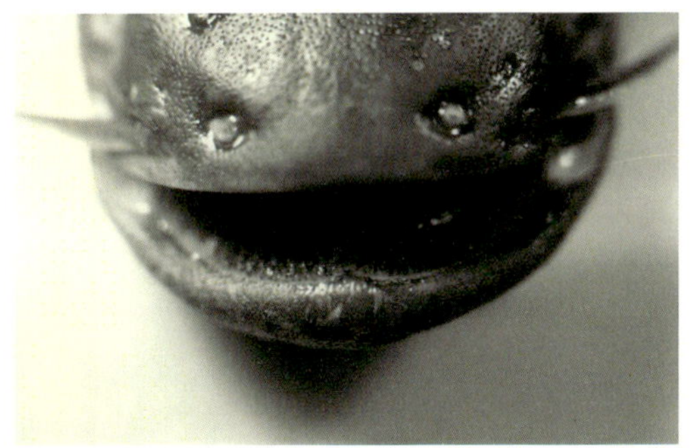

図 133　ナマズ成魚の口部前面（上図）および下顎（右図）。口腔内には小歯が歯群を構成しているが、顎骨上には特に多い。

図 134　長良川下流域では岸側の消波ブロックの隙間に多く生息する。

図 135　木曽川・犬山頭首工右岸の池の手前側の木工沈床の石の隙間に生息が見られる。ウナギに次いで多く生息している。

9　タイリクバラタナゴ

(1) はじめに

1940年代初めに、中国長江から移入されたハクレンなどに混入して渡来した。これが利根川水系に入り、ここを皮切りにして1962（昭和37）～1963年頃に、淡水真珠を得るために使用されるイケチョウガイが、霞ヶ浦（茨城県）から琵琶湖（滋賀県）へ移植されたのに伴って、この貝の中に含まれていたタイリクバラタナゴの卵または仔魚が琵琶湖に移入されるようになった。そして、それ以後は琵琶湖のコアユの放流に混入して、タイリクバラタナゴが全国に広まったと考えられている。

(2) タイリクバラタナゴの一生

私は、三重県の津市近郊で少年時代（小・中学生、1952～1960年頃）を過ごした。家の前にある水田の用水が流れる小川（川幅1.0～1.5 m）の河床が小石・砂で構成されている所には、シジミやドブガイ、イシガイの生息が見られ、ザルやタモ網で魚を追い回している時に、タナゴをよく採捕した。美しい体色で、食べると苦味があった。それから10年経過して、岐阜県内で同じ（と思っていた）タナゴを採捕したが、同じタナゴではないとしばらくの間、気付かなかった。前者はニッポンバラタナゴで、後者はタイリクバラタナゴとの理解をしたが、前者についての確実性はない。その時に教えられた識別方法は、後者には腹鰭の前縁に光沢を持った白線があるということであった。でも、よく似ていたように思った。

岐阜県内の大・中・小河川に入って魚類の生息調査をするように

なってから、このタイリクバラタナゴはどこの中・小河川でも常連であった。岐阜県瑞穂市内のJR東海道本線の沿線に人工的に造られた溜め池では、ミミズでよく釣れるし、タモ網でも容易に捕れ、その池では完全な優先種であった。見知らぬ人が入れたセル瓶を見て驚いた。真っ黒に見えるほどタイリクバラタナゴが入っていたのだ。「こんなにたくさん、どうするの？」と聞いたところ、「関東では結構な高値で売れるんだ」とのことであった。しかし、それから間もなく、付近の沼や池からタイリクバラタナゴがいなくなった。そして一方では、ニッポンバラタナゴとタイリクバラタナゴは本亜種と亜種の関係にあり、両者の交雑によって雑種個体群が全国的な分布拡大をさせることになっているとの話を聞いた。すなわち、タイリクバラタナゴを池や川に放流することは、結果的にニッポンバラタナゴの生息地が減少し、限られた所にのみ分布することの原因になる。いわゆる雑種化することによって、純粋なニッポンバラタナゴが限りなく減少し、ついにはいなくなることになる。

本種の食性は付着藻類などの植物性が中心であるが、小型の動物をも食う。産卵期は3～9月と長く、最盛期は4月下旬～5月下旬であり、産み付ける二枚貝の種類は多い。1回の産卵で数個の卵を産み付けて30時間ほどで孵化する。孵化後20日ぐらいで全長7～8㎜となり、貝から出る。

仔魚期の餌はワムシ類であるが、成長するにしたがって底生生活に変わり、食性も着生藻類へと変化する。40年超の長期間にわたる魚類生息調査を振り返っても、本種ほど増減の著しい魚種は他には思いつかない。外来魚扱いを受けていることも関係しているのだろうが、今では長良川や揖斐川の本川およびその支流や池を含めて、1回の投網調査では全く捕れない場合が大半で、多くても2尾ほどである。産卵が二枚貝に行われるという事情も関係しているとは思うが、その変化には驚く。

ただ、日本の淡水魚の中では、水槽飼育をすると極立って美しく、一段と好まれる人気者である。1990（平成２）年からの10年間は県内の至る河川で見られ、瑞穂市内のJR東海道本線の沿線に点在していた溜め池では著しく多く生息し、近辺からタモ網ですくうと容易に採捕できた。しかし、2023年を過ぎた今では全くその姿を見ない。

アメリカザリガニについても同様に思うことがあるが、タイリバラタナゴも未だ市民権？ を得られないのだろうか。

写真から見たタイリクバラタナゴの一生（写真と解説）

例年４月頃になると、タイリクバラタナゴは二枚貝に産卵を始めるが、その産卵期は約６カ月間に及ぶ。かなり以前になるが、全国的に分布域を拡大し、さらに交雑によってニッポンバラタナゴを結果的に駆逐するということで、外来魚として扱われるようになった。その影響もあって、現在ではどこの河川でもほとんど見られなくなった。水槽で飼育すると美しく、人気がある。子どもの時には、“タナゴ”としてタモ網を持って近所の小川を走り回った。今思うとニッポンバラタナゴであったかもしれない。なぜなら、大陸（台湾）から1940年代に日本に移入され、1960年頃から琵琶湖でも見られるようになり、その後、アユの放流に伴って全国的に広がったと言われているが、私が魚捕りに夢中になっていたのは1955～1960年頃であるからである。少年時代の魚捕りで頭に浮かぶのはこのタナゴが一番で、それほどに捕れたのである。ただし、食べてみると極めて苦かったことを覚えている。

図 136　タイリクバラタナゴの成長段階（瑞穂市・JR 東海道本線沿線下の溜め池）。上段左の雌成魚では長い産卵管が見られ、これを用いて二枚貝に産卵する。

図 137　タイリクバラタナゴのレントゲン写真。長い腸管が渦巻いている。内容物は有機物で主として藻類と無機物（砂）が混在している。

図 138　タイリクバラタナゴが生息している長良川下流域

図 139　タイリクバラタナゴが生息している長良川支流の五六川

図 140　木曽川に生息するタイリクバラタナゴが産卵母貝として主に利用するドブガイ

図 141　タイリクバラタナゴの他、カネヒラやイチモンジタナゴなどのタナゴ類が多く生息している木曽川左岸のワンド。この池にはタナゴ以外にも多くのコイ科魚類が生息している。

10　カムルチー

(1)　はじめに

一般的にライギョ（雷魚）とも呼ばれ、どう猛な性格で知られる。オオクチバスやブルーギルが全国的に分布を広げる以前から、外来魚の代表として、さらに肉食魚の代表として知られてきた。川底が砂で水草の茂る水深１mほどのほぼ流れのない所で、丸太のようにじっとして、時々スーッと泳ぐ姿に出合う。また、西濃から岐阜市付近の用水路脇の道路端で、カムルチ—の成魚の死体に出合うこともよくある。釣り人が始末に困って放置したものだと思う。それらの中には乾燥が進行して、内臓や筋肉がほぼなくなって、骨格と顎·歯が残り、さらに皮膚がぱりぱりの状態で残っているのを見ることもある。歯の生え方と顎骨の形から、カムルチ—であることが容易に判断される。学生の頃に、研究室の水槽に水を入れて本種を入れたまま、ほぼ一夏を過ごしてしまったことがある。当然のことながら、水はほぼ涸れてしまっていた。カムルチ—は棒状で固くなっていた。死んでしまったかな……と思いつつ、水を入れて数時間経過して、水槽内を覗いたら、なんと！ 泳いでいた。周囲の人は皆びっくりし、本種は空気呼吸をするのだろうと想像したと思う。生物を飼育していての失敗談であるが、一生忘れない情報を得た経過の一つでもある。

外来魚の一種であるが、長い間の経験からすると、今のブルーギルやオオクチバスのような爆発的な増加はなかったように思う。若い頃、自然界において、新しい侵略者が入っても、その生態系においては、時間に多少の違いはあっても、やがて安定した平衡状態となるとよく聞いたが、その証しの一例ではないかと思ったことがある。今では、淡水域（河川・池）では、生態系の一部を構成しているような気がしている。

(2) カムルチーの一生

岐阜市や大垣市を中心に、岐阜･西濃地域には広く分布している。木曽川で魚類相の調査をしている時、ワンドの岸辺の水深20～40㎝の川底が砂と泥の所で、100～200尾の体長約2㎝の体色が黒っぽいものからやや黄味を帯びた稚魚が群れているのに度々出合った。時期は7～8月頃であった。しばらくすると群れは見られなくなったが、分散して単独生活に移行したのであろう。体長5㎝ほどの稚魚は水草の中で時々採捕された。

時々、体長50㎝程度に達する成魚も見受ける。冬の間は水草や泥の中に身を潜ませて春を待ち、4･5月になると活発に餌を求める。水草の中に生息する小魚やエビ類が主な餌であるが、体長8～10㎝に成長した頃に魚食性が強くなり､その後は食性の幅が広くなり、何でも食べる、いわゆる大食漢となって一生を送る。

カムルチ―の歯は大きく牙状で、食性を反映している。外見からすれば、顎の歯槽孔に植わって哺乳類の歯槽性の結合をしているように見えるが、歯の周囲は顎骨と骨性結合している。

写真から見たカムルチーの一生（写真と解説）

木曽川のワンド内でイタセンパラの生息状況調査をしていた頃、5月になると水深20㎝以下の河床が砂・泥の所で、黒っぽい稚魚の群れに出合った。その頻度はかなり高く、一つの群れは100～200尾であった。群れに近づくと、水面をバシャバシャとして勢いよく分散した。しかし、1カ月後にはその姿は見られなくなった。体長50～100㎜の幼魚も滅多に採捕されない。単独生活に移行したのであろう。本種は一生涯、小魚やエビ類を餌とする動物食である。日本に移入されてから約100年は経過している外来魚である。

図142　カムルチーの稚魚（木曽川左岸の川底が泥・砂の浅い岸辺）。孵化して間もない仔・稚魚が100尾以上が群れている（上）が、間もなく単独生活に入る。

図143　カムルチー稚魚の群れの生息が見られる木曽川左岸の岸辺

図 144　カムルチーの稚魚（上）と未成魚（下）

図 145　カムルチーの成魚

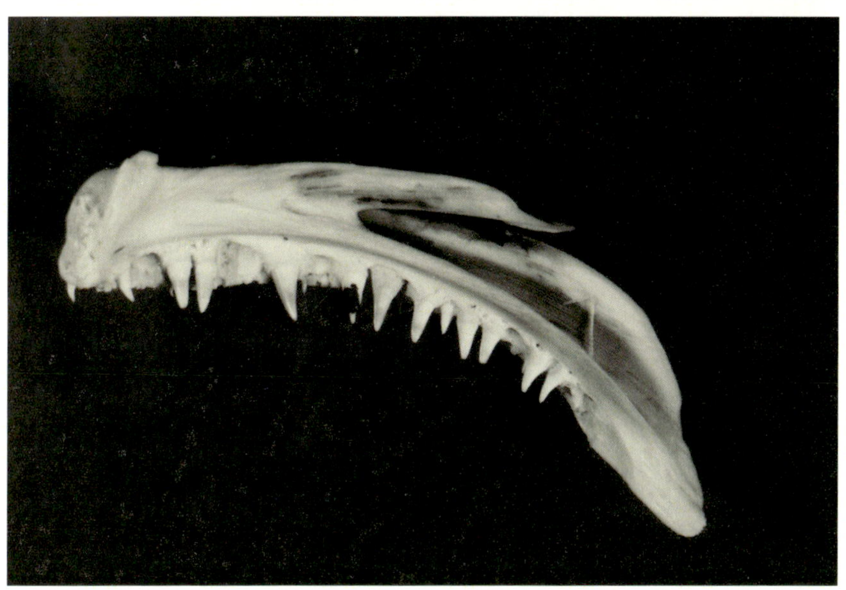

図 146　カムルチー成魚の下顎の上面（上）と下顎の側面（下）。顎上には大型の円錐歯と小型の円錐歯が見られる。上図の凹部は円錐歯の脱落した跡である。

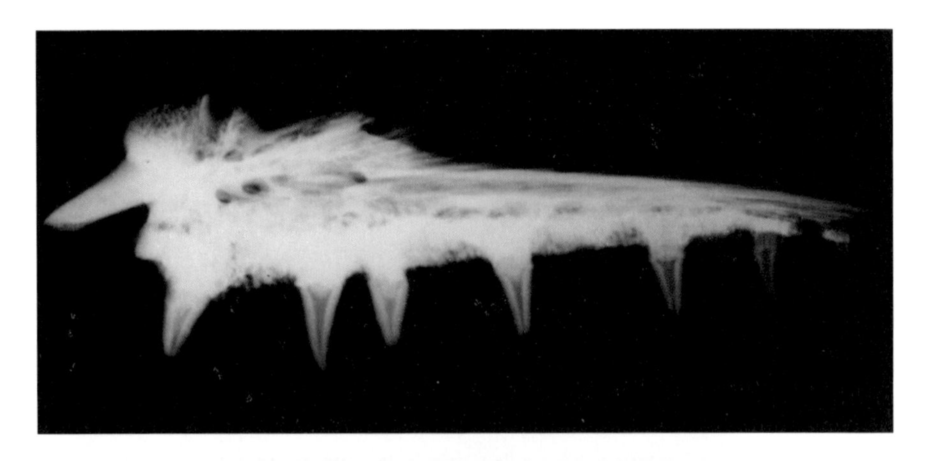

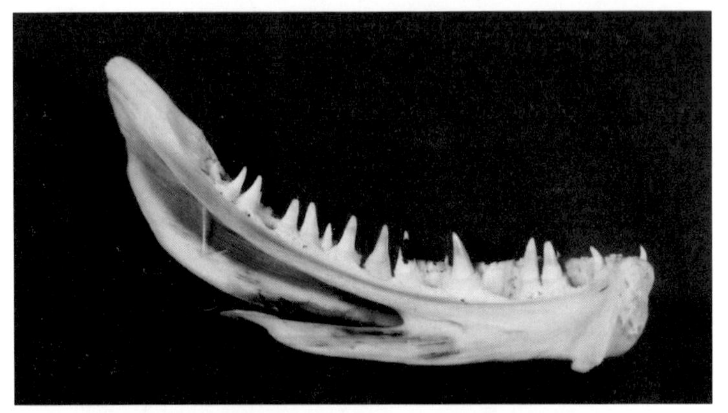

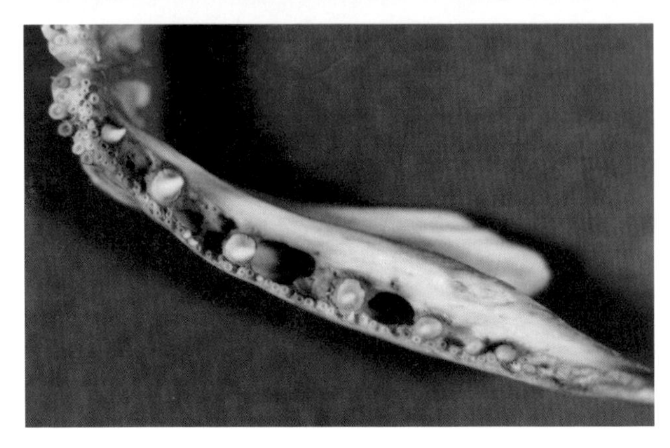

図 147　カムルチー成魚の上顎骨（上）と下顎骨の側面（中)、下顎骨の上面（下)。下顎には哺乳類の歯槽によく似た穴が見られるが、魚類では骨性結合している。顎上に植立する歯に大・小さまざまな差があり、餌の大きさや硬さの違いに対応している。

図 148　瑞穂市の中河川にはカムルチーが多く生息し、初夏には釣り上げられた成魚の乾燥死体が岸辺に置き去りにされていることがある。

11　ブルーギル

(1)　はじめに

外来魚の代表の一種である。日本へは、米国ミシシッピ川で捕られたものが1960（昭和35）年に移入されたのが最初である。その後、人の手によって湖・溜め池さらに大・中河川の下流域に移動されるようになり、今では、日本全国に広く分布するようになっている。ブルーギルは、雄・雌ともに鰓蓋後端部のやや安定した部分の色が濃紺～黒色、いわゆるブルーの鰓に由来した名前である。

岐阜県内では早くから生息が見られるようになり、私も1967（昭和42）年には瑞穂市内の池で採捕確認した。それまでには見たことのない魚類であったが、ミミズで容易に釣れるので印象が強かった。

(2)　ブルーギルの一生

産卵期は6～7月である。雄が、河床が砂・泥でできている場所にすり鉢状の産卵床（巣）を作って、雌を呼び寄せて産卵・受精を行う。池の岸近くの浅い所に多数の巣が点在していることがある。しかし、この巣にはさまざまな様相の場合があり、注意して観察しないと単なる凹地との判別に困ることがある。雄はこの巣を中心にナワバリを持って､卵や孵化仔魚を保護する。巣から離れた稚魚は、数十～数百尾の群れをつくって水草の間をゆっくりと移動し、湖・池の岸や流入する小川の入り口付近の石や木・枝の周辺で生活している。餌が流れ込むのを待っているように見える。それ以後、若魚～成魚は、数尾が群れて水草の間や木･枝の隙間にじっとしている。ブルーギルの口腔から咽頭には多数の歯が分布しており、特に鰓耙骨の周囲には密度が高く、ほぼ2万本、口腔・咽頭・鰓腔の全体では3万本に達する。しかも、これらの小歯は、下部の骨と蝶番結合様式で結合している。すなわち､小歯は餌生物（小魚やエビ類など）の小動物を体内に取り込む時に咽頭方向に倒れるが、餌動物が逃れようとしても､蝶番結合のために、歯は口の入り口方向には倒れず、逃亡は不可能な結果に終わる。この歯の結合様式とこれらの歯の分布の様相から見ると、大小さまざまな餌生物を効率よく捕獲することができ、食欲旺盛であると思われる。生活力の強い大変な魚が国内に侵入し、しかも分布域を拡大したものだと思う。

20年ほど前に、大垣市内や瑞穂市内の農業用溜め池には、著しい数のブルーギルが生息しているという情報に接して、友人と何度となく釣りに出かけた。2時間ほどで100尾以上が釣れた。また、大垣市内のやや大きな池に流入する用水の入り口付近では、本種の仔・稚魚が目に入ったのでタモ網ですくうと一度に20～30尾が捕れた。しかし、釣りを含めて、この池でブルーギル以外の魚類はオオクチバス、メダカ、ヨシノボリの生息が少し確認されただけで、オイカワやフナなどのコイ科魚類の姿は全く見られなかった。その時、この餌動物の量で、これだけのブルーギルが生息を維持するのは不可能ではないかと疑問に思った。そこで､体長5～12㎝のブルーギルを100尾ぐらい、ソフテックス（軟X線写真）で撮影してみた。驚いたことに、50％以上の標本で腹部消化管内に巻貝が数珠状に並んで写っていた。口に近い所に存在する貝はその姿が健全であるが、肛門に近い貝は形状が崩れていた。ブルーギルの口腔～咽頭に存在する歯の形状は小さく（細い)、円錐歯であるため、巻貝を崩すことはできないと思われる。この崩れの原因は、消化管内に分泌される消化液（酸性）によるものであろう。本種が貝類を捕食するとの報告にはお目にかかっていないが、通常に餌とする動物がいなくなった場合には、従来の食性を逸脱して新たな餌を利用することもあるとの体験を、身を持って経験した。

現在、ブルーギルの分布域や生息尾数から見る限り、その生息は以前ほど活発ではなくなっている。外来魚としての扱いが普遍的になる以前から、直接的または間接的な原因ははっきりしないが、減少の兆候は見られた。しかし、現在でも極めて多く生息が見られるダム湖や池沼が所々で報告されている。一方で、生息密度が低下している場所もあるが、それらは外来魚の駆除に成功しているのであろう。

ブルーギルは白身の魚で、塩焼きにして食べると結構いけるが、天ぷらなどにするとファンができるほどに美味である。昔、一緒に生態調査をした人が食品として売り出すことを考えて提案したことがある。しかし、ムニエルや天ぷらとして常時、食材を準備することは困難であるということで実行されなかった。体長 20 ～ 25cm以上のブルーギルが必要だとのことだった。そんな大型のブルーギルは、何百尾釣っても数尾しか釣れないことを実感していたから諦めるのも簡単であった。しかし、根強いファンがいることも確かである。

写真から見たブルーギルの一生（写真と解説）

（図 149 ～ 153）ブルーギルの稚魚は、池や湖の出入り口近くの水草や木々の間で数百尾の群れをつくって流入してくるプランクトンなどを食べている（図 149）。やがて単独生活に入る（図 150・151）。成魚になると体長 20cmに達する（図 152）。

池や沼では本種が増加すると餌が通常は利用しない巻貝（タニシ類）に及ぶことも多々見られる（図 153）。

図 149　ブルーギルの未成魚（上）と稚魚（下２尾）

図 150　ブルーギルの成魚（上）と未成魚（下２尾）

図 151　ブルーギルの成魚（上）と稚魚（下）

図 152　ブルーギルの成熟魚

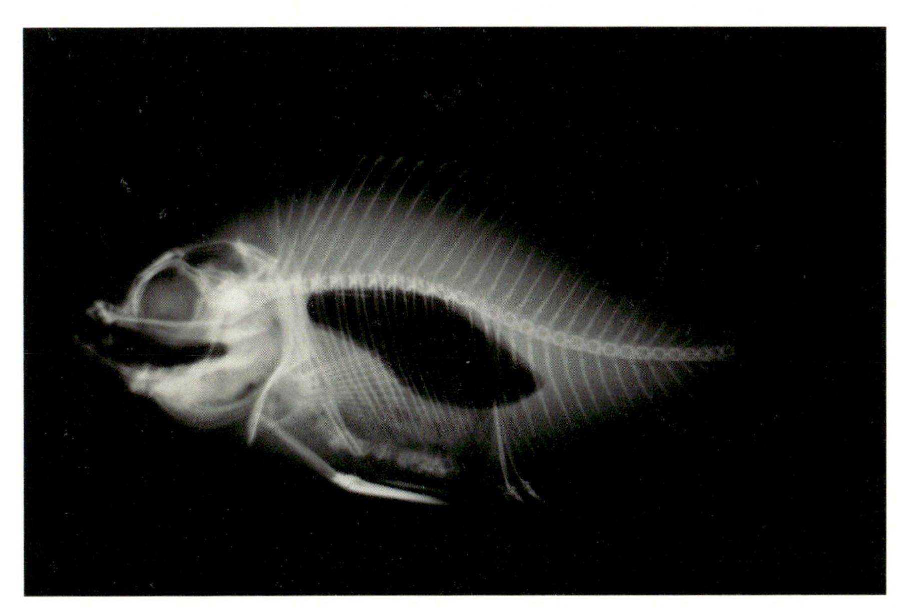

図 153　ブルーギル成魚のレントゲン写真。腹部の腸管内に巻貝が並んで入っている。

図 154　ブルーギルが多く生息している大垣市の溜め池。ブルーギルが最も多く、その他にオオクチバス、ヨシノボリが生息しているにすぎない。

図155　ブルーギルの産卵床（山県市・伊自良湖）。この産卵床内には時としてヨシノボリ類が侵入して卵を食することがある。

12　フナ

(1)　はじめに

1975（昭和50）年頃、数年間にわたって、京都大学大学院生の「長良川に生息しているフナの系統分類」の研究のために、長良川下流域でのフナの標本採集を友人と手伝ったことがある。膨大な数の標本を目の前にして、その人が悩んで、頭をひねっている場面が度々あり、その印象が頭に焼き付いている。その後、自分がフナを採捕して分類しようと思った時、どうにもいわゆる“分類”のできない標本に度々出合い、今に至っている。「生物はそういうものだよ」と分類の専門家に聞いたことがあるが、勝手に得心している自分がいるのが現実である。

(2)　ギンブナ、ニゴロブナ、ゲンゴロウブナ（ヘラブナ）

①ギンブナ（フナ3倍体）

古くから、関東地方にはギンブナに雄魚がいないと言われ、さらに、西南日本においてもオオキンブナを除外すれば、同様に雄魚はいないことが分かってきたと言われている。具体的には、ギンブナの卵にドジョウやウグイの精子を受精させても、卵は正常に卵割を始めて、いわゆる正常発生するというのである。精子は卵の中に侵入するが、卵の核との融合はしない。すなわち、この場合の受精は、卵の発生が進行するための刺激になるだけで、遺伝情報がフナの卵に取り込まれることはないのである。このような生殖様式は雌性発生と呼ばれる。余談になるが、哺乳類の卵の場合にも、刺激の種類によっては、初期の卵割は確認される場合があると聞く。さらに、ギンブナの染色体数は他のフナ類のそれよりも多く、3倍体であると言われ、雌性発生との関連性に興味が持たれる。以前、研究機関において3倍体のアユの産生に成功した後、それを野外放流するという話が出たことがあるが、自然界では何が起こるか分からないから……という理由で実現しなかったことがある。放流は慎重に進めなければならない典型のように思う。

産卵期は4～6月であり、水草が茂っている浅い所に集まって、水面に浮いている水草の茎や葉に産卵する。初夏を迎える頃に、濃尾平野の幅2～3mの水田用の水路で、50～100尾ほどのフナ稚魚の群れによく出合う。雑食性で、水草の葉、藻類、底生動物などなんでも食べる。成魚は甘露煮やフナ味噌として好まれ、稚魚は串に刺して飴煮にして“フナの雀煮”として店に並んでいるのを目にする。

②ニゴロブナ

琵琶湖（滋賀県）の固有種で、琵琶湖を中心に分布している。

揖斐川上流域に建設された徳山ダム湖に、ダムの運用開始後、数年経過した時にカワウが群れて飛来し、ダム湖周辺の木々に営巣することが確認された。営巣木の周囲のカワウの様子を観察し、写真に撮ろうと船で周辺を回っていた時に、水面にバシャバシャと水飛沫を上げて木から物体が落下した。よく見ると、魚の死体が巣から落ちたのだった。早速、長柄のタモ網を手に取ってその死体を拾い集めた。バットにそれらを並べてよく観察したところ、フナ類、オイカワ、カワムツなどであった。それを見て、同行した調査員はやや怪訝な面持ちであった。なぜなら、この揖斐川の徳山地区では、ダム建設の事前の生物（魚類）調査では、フナ類の生息は確認されていなかったのである。そこで情報収集に取り掛かった。まず、この土地の魚類の情報に詳しい旧住民の人に聞いたが、確実性の高い話はなかった。次に、周辺の支流に養殖池の跡があったことを頼りにいろいろと聞いたが、養殖魚はアマゴやイワナであり、フナの養殖の話は聞かなかった。次の段階として、外部から持ち込まれたとすれば、何が考えられるか……。第一に、ヒト（釣り人）が移入したか。基本的にこの徳山ダム湖は、徳山ダム管理事務所と岐阜県水産課との合意で､採捕禁止区域に指定されて魚類が保護されており、関係者によって監視されていることを考えた。その結果、次の可能性を検討した。カワウが運んできたのではないかということで、やはり情報を集めた。フナ類が、本地点から最も近い所に生息しているのはどこか。岐阜県の南濃地方の養殖池、そして……と思っていた頃､徳山ダム湖内で収集されたフナ類（体は大きく破損していた）のＤＮＡ検索が進み、その結果を見た調査関係者は、また驚きの声を上げた。ギンブナやゲンゴロウブナに交じってニゴロブナが高い頻度で存在していたのである。そこで、琵琶湖からカワウが運んできたのではないか。カワウの餌場とねぐらの距離は通常どのくらいか……悩みは続いた。さらに追い打ちをかけられたのは、「揖斐川の徳山ダム湖下流でニゴロブナが確認された」との情報があった。徳山ダム湖のニゴロブナの採捕確認よりも前の情報であれば有効な情報であるが、数年後の話であるので、ダム湖から拡散したと考えるのが妥当であると思い､この話は少し棚上げしておくことにした。さらに、ニゴロブナの漁獲量が琵琶湖内で著しく減少したこともあって、代わりにゲンゴロウブナを鮒ずしの材料に使うという話が聞こえてきた。そして、ゲンゴロウブナは鮒ずしの材料としてはニゴロブナよりもかなり劣るとも聞いた。そして、その理由はゲンゴロウブナの骨の硬さで、ニゴロブナのように柔らかくないとのことであった。そこで興味が持てたので、研究室でゲンゴロウブナとニゴロブナの骨の硬度を調査・比較してみた（ちなみに私の研究室の所属は、食物栄養学科であった）。結果は、有意な差でゲンゴロウブナの骨の硬度はニゴロブナよりも高い結果が得られた。少しだけ納得した。

最近は、釣りに関心のある人が増加し、その情報網は想像を超えるほどで、移動放流の話も後を絶たない。生物地理学は、この100年間で人為的な難題が増加しているとも聞いたことがあるが、時として納得せざるを得ない状況に出合う。今回もそのように感じた。

③ゲンゴロウブナ（ヘラブナ）

一般的にヘラブナと呼ばれ、フナ釣りはヘラ釣りと称される。そのために岐阜県内では、特に美濃地方の湖沼（ダム湖を含む）や河川に広く放流されている。体高が高く、鰓耙（さいは）数が100本前後で、他のフナ類が70本以下であるのに比べて多いのが特徴であるが、特に体高が高いことによる外観上の違いは明確である。食性は植物プランクトン食であり、これを鰓耙で濾し取って食べる。また、釣った時の引きの良さには定評があり、釣り堀では人気がある。

産卵期は4～6月で、水草や浮いている物に産卵する。卵は付着性である。卵径は1.4㎜で、水温20℃で4日で孵化する。体長は3年で25㎝、5～6年で40㎝以上に達する。

子持ちの雌ブナの甘露煮や、ゆでた卵をまぶした洗い料理などに人気がある。鮒ずしにも利用されるが、ニゴロブナには劣る。

写真から見たフナの一生（写真と解説）

フナの産卵・受精は、コイよりもやや遅れて4月下旬～5月に岐阜県の西濃および南濃地方の農業用水で見られる。本種の稚魚の群れは、フナ類の特徴でもあるかのように大きくて、水草の間をゆったりと遊泳している。フナ類は、この地方では重要なタンパク源として古くから甘露煮などで利用されてきた。寒鮒漁は冬の風物詩の一つで、体長30cm以上のヘラブナ(ゲンゴロウブナ)の大物が捕れる。

図156　フナの稚魚（上）と未成魚（下）

図157　ゲンゴロウブナ（ヘラブナ）の若魚（上）と成魚（下）。ヘラ釣りとして有名なのは本種であり、釣り上げた時の感触は忘れられないと聞く。

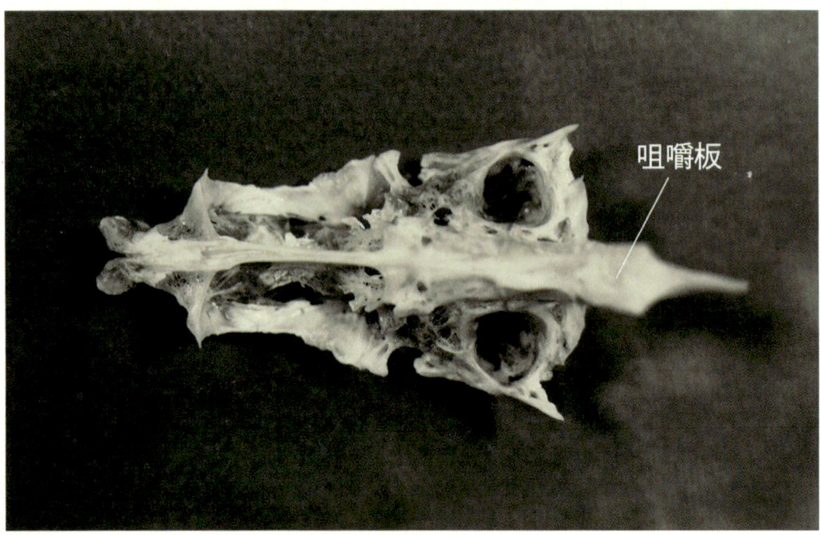

図 158　フナの咽頭歯（上）と上顎の咀嚼板（下）。咽頭歯は一般的に歯式で表現され、種の特徴と言われる。咀嚼板は下図の右側の平板であるが、これは骨・結合組織そして角化された表皮の３層構造で咽頭歯と咬合する。

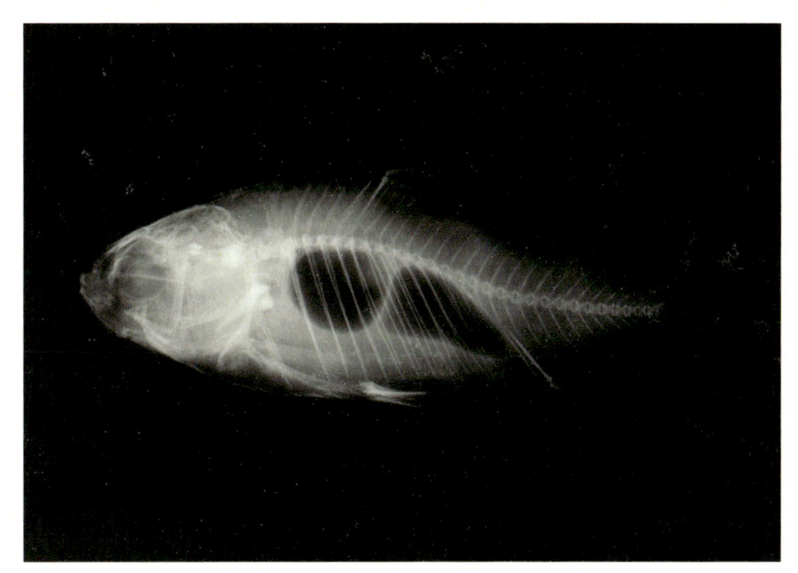

図 159　フナ（ギンブナ）のレントゲン写真

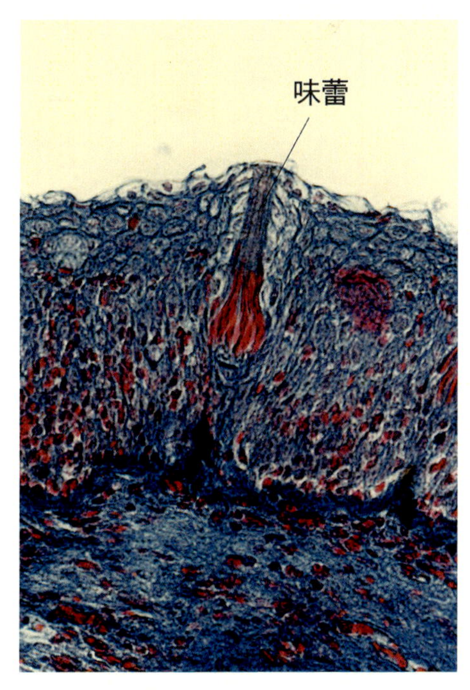

図 160　フナの口唇部は上皮層の表面が角化して厚くなっているため、味蕾の長さも哺乳類のものよりもずっと細長くなっている。これは表皮の厚さの違いを反映している。

図161　揖斐川上流の徳山ダム湖にはカワウが居着いて巣を作っている。徳山ダム湖で最初にフナが確認されたのは、カワウの巣からの落下物であった。

図162　カワウの巣から落下した吐瀉物の中にはフナと思われる魚類が多かった。ダム湖の形成される前には付近に生息していたという記録がないため、その由来が今も謎である。

13　オイカワ

(1)　はじめに

一般にハエ、ハヤ、シラハエなどと呼ばれ、岐阜県内の大～小河川はもちろん、湖沼などで最も身近に接している淡水魚の代表的な一種である。成熟した雄魚は、雌成魚に比較して婚姻色が鮮やかで、頭部や臀鰭、さらに体側に追星が出現し、鰭は雌成魚に比較して格段に大きい。別名“ジッサマ”とも呼ばれる。仔・稚魚期には、大～中河川では淵や平瀬の岸側の開けた、浅くて砂・礫底の流速5～10cm/秒の表層にいることが多い。体が小さいことから、メダカと称されて子供たちに親しまれていることもある。

(2)　オイカワの一生

産卵期は5～8月であり、岸側の流速の緩やかな平瀬（10cm/秒以下の流速）で、川底が砂・礫底で産卵を行う。雌・雄成魚1対で産卵・受精する。卵粒径1.5mmで、受精後2～4日で孵化する。孵化仔魚の全長は4.4mm程度である。孵化後5日、全長7.0～8.0mmで卵黄吸収を完了する。稚魚期は、流れに乗って流下して分散するため、この頃はタモ網での採捕は難しいが、未成魚期には再び生まれた地域へ遡上してくる。投網をうかつに打つと、体長5～8cmのオイカワが網目に頭を突っ込んで捕れてしまい、網から外すのに難儀をすることがある。

成魚期には、初夏に体長5～8cmのアユが伊勢湾から遡上してくると、それまで流心部を占めていたオイカワは生息場所をアユに譲って岸側に移動する。夏季が過ぎてアユがいなくなると、再び流心部に戻ってくる。この現象は、40年ほど前は長良川や矢作川（愛知県）で普通に見られた。その頃は、夏季に瀬におけるアユの占める割合は全生息魚類数の80～90％であったが、最近は両魚種ともに30～40％程度で、夏季でも両種が交じって游泳していることが多い。

（注）魚類の形態異常（奇形）の発現と環境要因との関係を調査するための基礎研究として、コイ科魚類のどの魚種が実験動物として適切かを調べている際のことである。水槽内でオイカワ仔・稚魚を飼育していた時と同じ条件下でウグイ仔・稚魚を飼育した時のオイカワにおける形態異常の発現率が、ウグイにおける場合の約1/5～1/10であったことに驚いた経験がある。本種の方が水槽内飼育環境にウグイよりも順応力が高いと思った。天然魚類を飼育実験に用いる時の魚種の選択には注意する必要がある。

オイカワは、孵化してから4～7日で一部の個体を残して卵黄をほぼ吸収する。岐阜市内の長良川の浅瀬でオイカワの稚魚を採捕し、その後の稚魚期の食性を顕微鏡下で調べた。消化管内容物は次のようであった。

全長　7.0～8.0　㎜：外部から摂取した餌は確認されない。
全長　8.0～8.2　㎜：流下藻類、橈脚類
全長　11.0～12.0㎜：同上
全長　16.0～18.0㎜：同上であるが大型化する。
全長　24.0～26.0㎜：ユスリカ、トビケラの頭部(頭幅0.35～0.40㎜が多い)

ユスリカの全身が確認される場合があるが、その幼虫の全長は1.8～2.3㎜であった。消化管の中に見られる頭部の数は、全体的にユスリカ頭部が多く、トビケラ頭部の5～6倍である。食物の中心が動物食で、ユスリカであることが知れた。この頃には、すでに咽頭

（のど）に歯が存在し、さらにその周辺には味蕾も形成されている。咽頭の歯は先端が鋭く尖っている。オイカワの仔・稚魚は、口に歯を持たないので、餌のユスリカなどをのみ込んで、咽頭の歯でその体を刺して体液を周辺の味蕾によって感知し、消化管に送り込んでいるものと思われる。

全長35～45㎜になると餌の種類は広がって雑食性となり、さらに成長すると河床の着生藻類が中心となる。夏季には盛んに増殖する藻類を食べることで、遡上してくるアユとの間に競合が起こり、その結果、河川の良好な餌場（流心部）をアユに譲るものと思われるが、最近ではそのような光景はほとんど見られない。

オイカワは岐阜県内の大～小河川、湖沼を通じて最もなじみのある魚類の代表であり、タモ網で幼魚を捕り、ミミズやウジ虫による餌釣り、毛針釣りで若・成魚を釣って楽しむ。

腹わたにやや苦味があるので、食べるのに苦労する人もあるが、これを取り除いて、から揚げ、天ぷら、南蛮漬け、甘露煮にするとおいしく食べられる。また、イカダバエの材料としても重宝される。しかし、その材料としてのオイカワが県内で十分に確保できないので、他県に捕りに行くという話を40～50年前に聞いた。この40年ほどの間に、近くの河川から生息量が最も減少した魚類の代表であるように思われる。特に、長良川や揖斐川・木曽川などの大河川でその傾向が強く、農業用水路などでは比較的維持されている。

写真から見たオイカワの一生（写真と解説）

オイカワの稚魚は一度川の流れによって下流に流されるが、図163の下２尾の時期に孵化した地点に戻ると言われ、図163の上２尾の若魚時代を経て図164の雌成魚（上）や雄成魚（下）になる。

図 163　オイカワの成長段階：成魚・若魚・稚魚（上から 1 尾 1 尾 2 尾の順）

図 164　オイカワの成熟魚の雌（上）と雄（下）

図 165　オイカワの稚魚が一時的に定着して成長する場所として利用する浅瀬の草・石の物陰（長良川中流域）

図 166　オイカワの稚魚が消波ブロックの止水部に集まって成長する（長良川下流域）

図 167　長良川下流部の平瀬にはオイカワが多い。

図 168　長良川中流域では毛針による釣りが行われる。釣り好きの人は毛針でオイカワ釣りをよく行うが、最近は釣果は以前に比べて著しく減少したと言う。

図 169　瑞穂市の五六川には浮き島が設置されており、オイカワの幼魚が利用している。

図 170　名古屋市内の都市河川の山崎川にはオイカワが多く、繁殖も盛んに行われている。

14　カワバタモロコ

(1)　はじめに

日本固有の魚種であり、水槽に入れるとイトミミズやアカムシなどをよく食べて飼いやすく、美しいことから人気がある。しかし、最近は生息している池が宅地造成などにより埋め立てられることが多く、生息場所が著しく減ってきていることもあって、絶滅が心配されている。特に現在、自然河川・池などで生息している環境の維持には気を付けたいものである。

平野部のあまり大きくはない浅い池や沼、溜め池、さらに流れのあまり速くない山間部のやや水深が深くて水草が茂っているような場所に生息する。産卵期は5～7月である。食性は雑食性で、小型の水生動物から藻類まで幅広い。

(2)　カワバタモロコの一生

岐阜県内では、美濃地方の瑞穂市や海津市などの溜め池に多く見られる。50年ほど前に、瑞穂市のJR東海道本線脇に人工的に造られた池で、ミミズで釣りをした時には、まさに入れ食い状態であった。この池は東海道本線の線路を確保するために、当時の中学生などが動員されて盛り土をするために掘った池だそうで、いくつもの池には湧水があり、水草も茂っていた。そして、どの池もカワバタモロコが生息していて、さらにトンボの幼虫（ヤゴ）が高密度で生息していた。しかし、時代と共にこれらの池は埋められて住宅地となり、今ではポツンと残っているだけである。だが、今でもその池には本種が生息していて、ほぼ毎日と言ってもよいほど、何人かの釣り人がいる。狙いは何ですか、どこからみえましたかと聞くと、カワバタモロコで関西から……との返答であった。しばらく世間話をしていたが、自分が昔に釣っていた時とは少し状況が違って、釣り竿を上げる頻度は少なくなったようで、このようにしてだんだんと希少種扱いになっていくのだな……と思った。それ以外では、岐阜県山県市を流れる伊自良川本流や支流で採捕が確認された。伊自良川自体が伏流水となる河川で、冬季でも水温が12℃以上に維持され、アマゴなどと一緒に生息している特性もみられる。

かなり前になるが、愛知県で万博が行われるのに先立って、長久手の低山地（海上の森）での魚類生息調査を頼まれたことがある。少し高台に湧水でできた池（沼）があった。その池の大きさは5×10 m程度で水草が茂り、池底は泥であり、やや腐敗した木の葉や水草が横たわっていた。その隙間には、カワバタモロコが群生していた。本種の生息状況は記録したが、タモ網を入れたのは1回目の調査のみで、生息が確認できたので、それ以後は調査の機会の度に目視を十分に行い、網は入れないことにした。後日、万博が実施されるにあたって、この場所（池）は手付かずで保存されたと聞いて胸をなで下ろした。本種の生息を見ていると、根絶やしにするのは極めて簡単で……、池を埋めれば、それで幕引きである。岐阜県の特に美濃地方をはじめとして広く生息地がある。“池”を残すことが困難ではあると思うが、最も良策だと思う。地元住民にも情報の提供をしたいと思う。

写真から見たカワバタモロコの一生（写真と解説）

カワバタモロコは湧水がある溜め池では、岐阜県の南濃・西濃地区でどこでも生息が確認されたが（図171・172）、現在では池そのものが消失したこともあって極めて少なくなった。しかし、水槽飼育ではかなりの人気がある。

本種の食性は雑食性であるが、腹部腸管内容物を観察すると藻類が見られ、ケイ藻類が多い場合もある（図173･174）。湧水があって、かなりの清水であるため日光が水底まで届くこともよい生活環境を呈しているのかもしれない。

図171　カワバタモロコの成魚（瑞穂市）

図172　カワバタモロコの若魚（上）と成魚（下）

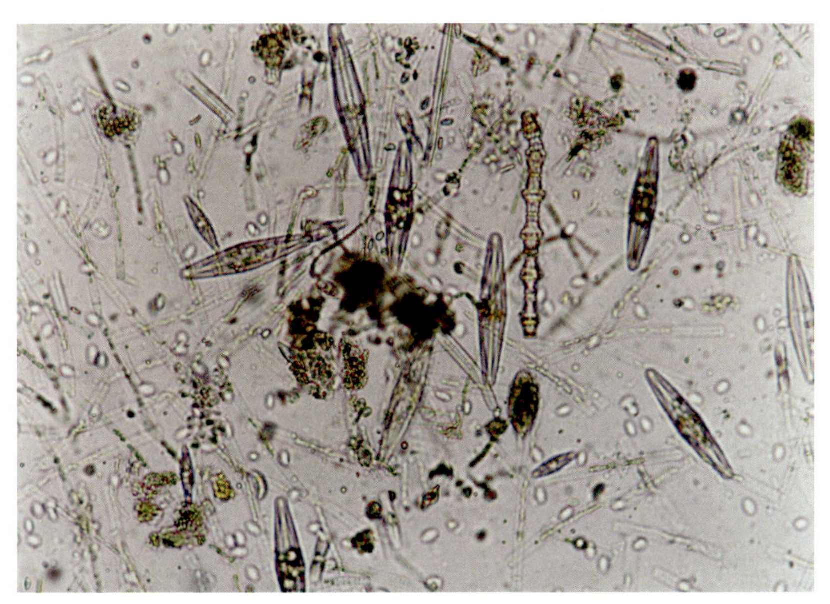

図 173　カワバタモロコ成魚の腹部消化管内容物（伊自良川）

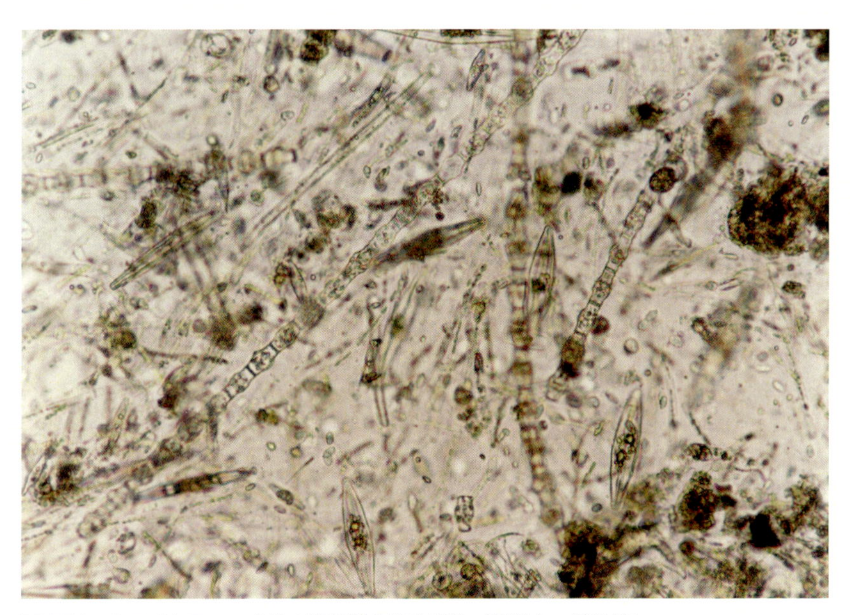

図 174　カワバタモロコ成魚の腹部消化管内容物（瑞穂市・溜め池）

図 175　カワバタモロコの生息場所（伊自良川の淀み）

写真から見たふるさとの魚たちの後記

アユをはじめとした岐阜県内の河川に生息する魚類を研究・調査の相手にして、50年が経過しました。今回の本で取り扱った魚類は、アユを代表として14種になります。

岐阜の川には
仲間がいっぱい

オオクチバス

生物学を専攻して以後、常に心の中で確認してきたことは、若い頃に聞いた「松のことは松に習え」という諺でありました。生物学の基本および目的とするところは、その生物の生活史を知ること、例えば、アユであれば「アユとはどういう生物か」の答えを得ることにあると常々考えてきました。そのため、野外に出て、自然におけるその姿を見て、心に焼き付けてきました。

岐阜歯科大学（解剖学教室）に助手として就いた頃には、「環境変化が動物（魚類）の形態異常の発現に及ぼす影響」が社会的な問題として脚光を浴びていました。具体的には「魚類の外部形態および骨格･歯系の異常発生はどのような機序で発現するのか」でした。しかし、その内容は形態異常の発現の原因（汚染物質など）を探る方向ではなく、魚類の種の生理的特性との関係に主体を設定したのでした。そのために、水槽内飼育だけでなく野外観察に出て、そこに生活している魚類の生活史を知ることが基本課題となり。その結果、野外へ出ずっぱりの日々となりました。このことは、現在もかわっていません。
一方、私はあくまでも魚類の生活史を知ることに主眼を置いていたので、研究テーマは自分で考え、一人で野外に出かけることが多くなりました。そのことを知って、健康状態を危惧して可能な限り同行してくれる人がいました。その人は今や門前の小僧です。さらに、このことは研究室の学生・院生は言うに及びません。一方では、野外調査に同行し経験することが、彼女たちの学習姿勢にとって最も有意義だと思っていた面もありました。

朝日大学歯学部から名古屋女子大学に職場がかわるにつれ、テーマを「魚類の歯・骨の成長（異常成長を含む）」の研究から「ヒトが健康生活を送るための食材としての魚類の利用方法について」と幅広く展開してきました。この間には数多くの恩師と言うべき先生に出会い、研究の方向性は言うに及ばず、人生の教訓を賜りました。朝日大学・堀井五十雄教授（京都大学名誉教授）、岐阜大学医学部・出浦滋之教授、岐阜大学農学部・福島正三教授、京都大学医学部・西村秀雄教授には感謝の言葉もありません。
本書を終えるにあたり、私の研究生活50年のうち、朝日大学解剖学研究室で堀井教授の下で若い時代に過ごした15年間は、それ以後の研究生活にとって極めて充実感のある貴重な経験でありました。そしてもう一人、忘れてはならない人がいます。大学の後輩で、

約40年間、時間をつくっては野外に同行してくれた小椋郁夫さん（名古屋女子大学・教授）の存在も大きかったです。私の周りにはお世話になった人が大勢います。

心から感謝申し上げます。

最後に、私にいろいろな情報を与えてくれたふるさとの魚君たち！ありがとう‼

参考文献

川那部浩哉・水野信彦編・監修（1993）山渓カラー名鑑　日本の淡水魚．株式会社山と渓谷社（東京）．

駒田格知（1986）歯の比較解剖学（魚類の歯を担当）．医歯薬出版株式会社（東京）．

駒田格知（1987）長良川の魚．大衆書房（岐阜）．

駒田格知・今西嘉男（1988）やさしい解剖生理学．金芳堂（京都）．

駒田格知・伊藤美穂子（2019）咀嚼と食物の話．日本教育研究センター（大阪）．

駒田格知・小椋郁夫・今村純・渡邉美咲（2019）岐阜県の魚類の現状と今後－岐阜の河川に魚をふやそう－．岐阜新聞社（岐阜）．

駒田格知：ウナギの顎歯および咽頭歯の固定様式ついて，成長 26(3):89-92,1987.

駒田格知：ウナギの顎歯の発達について，成長 26(1)：7-18,1987.

駒田格知：長良川下流域におけるウナギ稚魚の遡上活動・成長および食性について，成長 36(1)9-15,1997.

駒田格知・鈴木興道：揖斐川上流域におけるアジメドジョウの成長について．成長 33(1)5-11,1994.

駒田格知・増田美佐・鈴木興道：オイカワ仔・稚魚の食性と歯系の発達，成長 34(1), 1-6,1995.

駒田格知：アマゴ（Oncorhynchus rhodors）仔・稚魚の口部形態および歯の分布について．歯科基礎医学会誌：23(2)，320-333.1981.

駒田格知・山田久美子：長良川下流域におけるカジカの遡上活動および成長について．成長，35(1)37-44，1996.

駒田格知・中塚敏弘：ブルーギル ,Lepomis macrochirus, の歯の分布について．歯科基礎医学会誌 30(6),732-740,1988.

Komada N. Occurrence and Formation of vertebral anomalis in the cypried fish, zacco platypus, Jap. J. Ichthyol, 30(2):150-157,1983.

駒田格知・山田久美子・鈴木興道：オイカワ稚魚の生息場所と成長について．成長 33(2)：113-119,1994.

Komada,N.（1977）: The number of segments and body length of Plecoglossus altivelis fry in the Nagara River ,Japan. Copeia, 1977(3) : 573-574.

駒田格知（1978）：アユの成長に関する研究－特に相対成長および口部歯系の成長について－．岐阜歯科学会誌，6(2) : 80-128.

駒田格知（1980）：アユ稚魚における歯系および歯の交換．魚類学雑誌，27(2) :

144-155.
Komada,N.（1980）: Incidence of gross malformations and vertebral anomalies of natural and hatchery Plecoglossus altivelis, Copeia, 1980(1) : 29-35.
駒田格知（1982）：アユ稚魚における歯骨歯の成長と交換．魚類学雑誌，29(2-3) : 216-219.
Komada, N.（1982）: Variation of vomer and vomerin teeth in Hypomessus transpacificus nipponensis, Jap.J.Oral,Bit, 24(1) : 218-221.
Komada, N.（1983）: Development and shedding teeth on jaw bones in adult smelt, Hyponensis transpacificus nipponensis, Zool. Mag., 92(2) : 231-237.
Komada,N.（1983）: Growth and replacement of dentary teeth in the smelt, Hypomesus transpacificus nipponensis, Zool, Mag., 92(1) : 14-20.
駒田格知（1985）：人工孵化養殖アユ，Plecoglossus altivelis，の口部歯系の発達について．歯科基礎医学会誌，27(1) : 16-26.
駒田格知（1985）:硬骨魚類,主としてアユの歯系の発達と摂餌適応について（総説）．成長，24(1-2) : 1-61.
Komada, N.（1985）: Occurrence and formation of vertebral anomalies in hatchery reared Ayu Plecoglossu altivelis, Growth, 49 : 318-340.
駒田格知（2016）:長良川のアユ－40年間の現地調査から－．岐阜新聞社．（岐阜）．
駒田格知（2024）：面白くてためになるアユのはなし－その生態から脳を健康にする脂肪酸まで－．株式会社22世紀アート．アマゾン．
山田久美子・駒田格知・高田誠・駒田温子（2002）：長良川下流域のおける降下仔アユの成長について．成長，41(2) : 77-86.
淡水魚類研究会会報No.1，1995.
淡水魚類研究会会報No.3，1997.
淡水魚類研究会会報No.4，1998.
淡水魚類研究会会報No.7，2001.
淡水魚類研究会会報No.9，2003.
淡水魚類研究会会報No.12，2006.
淡水魚類研究会会報No.13，2007.

著者略歴

駒田 格知（こまだ のりとも）

1945（昭和 20）年 5 月 12 日生（三重県）
岐阜大学大学院農学研究科（修士課程）修了、京都大学研究生、
岐阜大学医学博士
岐阜歯科大学（現朝日大学歯学部解剖学教室）助手、講師、助教授
岐阜歯科大学大学院歯学研究科（博士課程）兼任
名古屋女子大学教授
名古屋女子大学大学院生活学研究科（修士課程）兼任
（名古屋工業大学非常勤講師、藤田学園大学医学部客員助教授、
建設省土木研究所招聘研究員、岐阜大学農学部非常勤講師など）
日本河川協会　表彰（2018 年）

現在

名古屋女子大学法人本部理事
名古屋女子大学名誉教授
株式会社東海応用生物研究所代表取締役
ダムフォローアップ委員会委員
環境省希少野生動植物種保存推進委員　他
岐阜県瑞穂市在住

著書

歯の比較解剖学（魚類の歯を担当）医歯薬出版株式会社
やさしい解剖生理学（共著）金芳堂　1988 年
図説　解剖生理学（共著）東京教学社　1988 年
解剖生理学実験（共著）建帛社　2003 年
咀嚼と植物の話（共著）日本教育研究センター　2019 年
面白くてためになるアユのはなし－その生態から脳を健康にする脂肪酸まで－　アマゾン（株式会社 22 世紀アート）　2024 年

写真から
見た
ふるさとの
魚たち

発　行　日　2024 年 12 月 25 日
著　　　者　駒田 格知
発　　　行　株式会社岐阜新聞社
編集・制作　岐阜新聞社 読者局 出版室
〒 500-8822　岐阜市今沢町 12
岐阜新聞社別館 4 F
TEL 058-264-1620（出版室直通）
印　　　刷　岐阜新聞高速印刷株式会社

※価格はカバーに表示してあります。
※落丁・乱丁本はお取り替えします。
※許可なく無断転載、複写を禁じます。
ISBN978-4-87797-340-7